AUTOMATA

Rivista di Natura, Scienza e Tecnica nel mondo antico
Journal of Nature, Science and Technics in the ancient World

Rivista diretta da A. Ciarallo *(Soprintendenza Archeologica di Pompei)*

Comitato scientifico:
Prof. M. AOYAGI, *University of Tokio*
Prof. P. GALLUZZI, *Istituto e Museo di Storia della Scienza, Firenze*
Prof. M. HENNEBERG, *University of Adelaide*
Prof. D. STANLEY, *Smithsonian Institution, Washington D.C.*

Journal published under the auspices of:

Max Planck Institute for the History of Science, Berlin
Museo Galileo. Istituto e Museo di Storia della Scienza, Firenze
Soprintendenza Speciale per i Beni Archeologici di Napoli e Pompei

AUTOMATA

Anno III-IV 2008-2009   Fasc. 1

Rivista di Natura, Scienza e Tecnica nel mondo antico
Journal of Nature, Science and Technics in the ancient World

«L'ERMA» di BRETSCHNEIDER

Automata, 3-4
Rivista di Natura, Scienza e Tecnica nel mondo antico
Journal of Nature, Science and Technics in the ancient World

Automata : rivista di natura, scienza e tecnica del mondo antico. – A. 1, fasc. 1
(2006)-.—Roma : «L'ERMA» di BRETSCHNEIDER, 2006-.–v. ; 30 cm
Annuale.–Complemento del titolo anche in inglese.
ISSN 1828-9274

CDD 21. 930.05
Archeologia – Periodici
Antichità classiche – Periodici
Scienze – Antichità – Periodici

Sommario

Mw[1]: l'oro blu dell'antico Egitto
di *Martina Benetti* 7

SIG₄. Il mattone. Natura, tecniche e coscienze edili dell'antica Mesopotamia
di *Marco Ramazzotti* 19

The astronomical foundations of the Romulean calendar and its relationship with the Numan calendar:
an hypothesis
di *Leonardo Magini* 37

L'ultimo *garum* di Pompei.
Analisi archeozoologiche sui resti di pesce dalla cosiddetta "Officina del *garum*"
di *Alfredo Carannante* 43

I *pictores* della *domus* di *D. Octavius Quartio* in Pompei
di *Ernesto De Carolis - Francesco Esposito - Claudio Falcucci - Diego Ferrara* 55

VIRIDIA IN URBE. Nuove prospettive per un settore minore del verde antico
di *Anna Maria Liberati* 71

L'Universo in una grotta. Il rilievo mitraico di Terni e la sua simbologia
di *Giovanna Bastianelli Moscati* 83

Mw[1]: l'oro blu dell'antico Egitto

di

*Martina Benetti**

ABSTRACT

A key life deliverer since millenniums, water played, and still plays, a main role in ancient Egypt, as a livelihood source, with all activities related to it (fishing, agriculture, channelling systems, hydraulic techniques…), as well as an element gifted with particular meanings. By virtue of its relevance, water took over time different values, from basic ones, related to livelihood primal needs, to magic-symbolic ones. Celebrated with hymns and literary texts, engraved on parietal drawings, personified in aquatic gods, used in ritual ceremonies and cleansing ablutions, water, once unifying element of nilotic civilization, becomes nowadays a scarce resource, free of its ancient and multiple components: in this paper, it will be investigated in its different meanings.

1. ACQUA: ὡρολόγιον DELLA CIVILTÀ NILOTICA

Le precipitazioni monsoniche estive sugli altipiani etiopici[2], incrementando la portata d'acqua del Nilo e dei propri affluenti[3], provocavano l'innalzamento del livello del fiume e, di conseguenza, il suo straripamento. L'inondazione[4], considerata un ricordo annuale delle origini acquatiche del mondo egiziano[5], si verificava progressivamente in estate, nel tratto meridionale a Giugno, nel Delta a Luglio, fino a raggiungere l'altezza massima prima della fine di Settembre, seguita tra Ottobre – Novembre dalla fase di deflusso. La periodicità dell'evento[6], unitamente alla regolarità dei fenomeni astronomici, consentì, sin dagli albori della civiltà egizia, l'adozione della scansione dell'anno[7] e la concezione ciclica del tempo[8]. Il calendario solare egiziano di 365 giorni, infatti, connesso alla piena nilotica ed alla levata eliaca di Sirio[9], comprendeva dodici mesi, di trenta giorni ognuno, ai quali se ne aggiungevano altri cinque supplementari detti *Epagomeni*[10]. I mesi erano raggruppati in tre quadrimestri, che corrispondevano ad altrettante stagioni: la prima coincideva con la piena (*Akhet*), la seconda col "ritiro delle acque" (l'uscita), periodo in cui si seminavano le messi (*Peret*), la terza col raccolto e l'"arsura" (*Shemu*), in cui la terra, non ricevendo più acqua, si spaccava[11]. Dal momento che l'anno egizio era composto soltanto di 365 giorni, contro i 365 e 6 ore dei cicli del sole e di Sirio, il suo convenzionale inizio si spostava avanti di un giorno ogni quattro anni[12], sistema accolto in seguito anche dal calendario giuliano[13]. L'uso di simile computazione sembra sia stato introdotto alla fine della II Dinastia in sostituzione del calendario lunare, meno preciso, impiegato sino all'epoca del faraone *Ger.*[14]. La sistematicità di tale fenomeno, dunque, permette, fin dai primordi egiziani, una suddivisione ordinata e precisa del *tempo*; l'elemento idrico partecipa così alla formazione di una delle strutture peculiari del pensiero egizio, il dualismo tra mondo ordinato e natura caotica[15]. In tal senso l'acqua, intesa come ὡρολόγιον, ossia "computo dell'ora" nel significato greco del termine, diviene elemento essenziale alla scansione temporale della civiltà nilotica. Quest'ultima accezione si evince, del resto, anche dalle più tarde clessidre ad acqua, di cui uno splendido esemplare in basalto (inv. n. 27) con la raffigurazione di *Tolomeo Filadelfo* (III sec a. C.), nell'atto di compiere offerte ad alcune divinità, è conservato al Museo Barracco di Roma[16]. Simili recipienti dalla forma troncoconica, inventati dagli Egiziani a partire dalla XVIII Dinastia, con un foro di deflusso al centro della base e dodici tacche per la graduazione nella parete interna[17], venivano riempiti fino all'orlo al tramonto del sole; quando l'acqua raggiungeva la prima tacca aveva inizio la seconda ora, secondo l'errata convinzione che l'abbassamento del suo livello fosse regolare.

2. Acqua:
il sistema d'irrigazione

Suggestionata dalla celebre definizione di Erodoto, storico greco vissuto nel V sec a.C.[18], per cui l'Egitto è "δῶρον τοῦ ποταμοῦ", ossia "un dono del (fiume) Nilo"[19], la nostra cultura ha ereditato, erroneamente, l'idea di un paesaggio pacifico, ordinato e produttivo[20]. In realtà la storia degli abitanti dell'Egitto si caratterizza, fin dalle origini, dallo sforzo e dal tentativo costante di sottrarre alle forze del caos il proprio territorio, allo scopo di renderlo fertile e soggetto a controllo umano[21]. Fondamentali lavori d'ingegneria idraulica, infatti, indispensabili sia al drenaggio delle terre, divenute troppo umide in seguito alla piena del Nilo, che all'irrigazione di quelle aride, permettevano una sapiente regolazione dell'acqua, soddisfacendo i bisogni primari dell'agricoltura e la necessità di gestire il fenomeno naturale dell'inondazione[22]. Per evitare che lo straripamento, da evento benefico si tramutasse in forza distruttiva, il popolo egizio adottò uno specifico sistema di canalizzazione controllato da chiuse, che serviva a mantenere costante il livello del fiume[23]. La distribuzione uniforme avveniva tramite canali di drenaggio e argini artificiali di terra, che permettevano di convogliare l'acqua della piena in vasti bacini, da cui era poi sollevata meccanicamente per l'irrigazione di orti, frutteti, giardini, campi e zone non raggiunte dall'allagamento[24]. Durante l'Antico ed il Medio Regno, come evidente in alcune raffigurazioni parietali (ad esempio la *Tomba di Mereruka* a Sakkara, circa 2300, e quella di *Khnumhotep* a Beni Hasan, XII Dinastia), si utilizzavano coppie di giare di terracotta sospese alle estremità di un giogo di legno per innaffiare i giardini (fig. 1)[25]. Fu solo col Nuovo Regno che venne introdotto lo *shaduf* (fig. 2), una leva di piccolo raggio costituita, nella sua versione più semplice, da un secchio (o un altro contenitore), un lungo palo basculante ed un contrappeso rotondo di fango, anch'esso riprodotto da rilievi tombali a partire dalla fine della XVIII Dinastia (ad esempio la *Tomba di Ipy* a Tebe, circa 1250 a.C. o quella di *Neferhotep*, sempre a Tebe, 1340 a.C., circa)[26]. In entrambi i casi, i metodi usati servivano per l'irrigazione di piccole porzioni di terra, destinate alla coltivazione di verdura, frutta o fiori, attività che impegnavano agricoltori e giardinieri tutto l'anno[27]. Nel caso di grandi appezzamenti, invece, riservati alla coltura di cereali e lino, in cui plausibile è l'ipotesi di un solo raccolto annuale, si sfruttava piuttosto l'umidità lasciata sul terreno dalla piena del Nilo; nell'eventualità di un secondo raccolto durante il periodo estivo, quando l'acqua

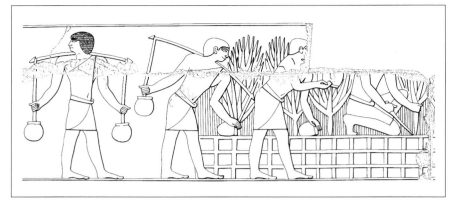

Fig. 1.

Fig. 2.

del fiume raggiungeva il livello minimo, si poteva ricorrere nuovamente al sollevamento meccanico[28]. In età tolemaica, infine, si diffuse la *saqiya*, una ruota idraulica che consentiva un innaffiamento continuo tutto l'anno[29]. Il sistema irrigativo egiziano si basava, dunque, su due tipologie differenti, l'una *naturale*, che permetteva un'unica produzione annua, l'altra *artificiale* "a bacino", con o senza leve, con l'evidente vantaggio di più raccolti[30]. Ancora discusso risulta il passaggio storico in cui al primo metodo d'irrigazione fu associato il secondo: all'inizio o alla fine del Periodo Predinastico, nell'Antico Regno, durante il Primo Periodo Intermedio, nel Medio Regno[31]. Neppure le fonti ci aiutano in tal senso; la normativa sull'acqua, dalla fase Predinastica a quella Saitica, non venne codificata, probabilmente perché connessa a forme amministrative di tipo locale[32]. Secondo le ultime ipotesi, infatti, lo scavo di canali e pozzi pare fosse di competenza dell'amministrazione centrale, nella persona del faraone[33], mentre la loro manutenzione e l'irrigazione sembra spettassero alle comunità locali, cui era delegata la responsabilità della distribuzione idrica, secondo un antico diritto consuetudinario[34]. Accanto, poi, a tale sistema di regolamentazione dell'acqua, importanti erano i *nilometri*, strutture formate da scale, pozzi o moli di templi, usati per registrare il livello della piena, al fine di misurarne la portata e prevedere l'andamento dell'attività agricola[35]. Gli Egiziani sapevano, infatti, che l'inondazione, col suo fertile *limo*, una sostanza fangosa che rendeva il suolo fecondo e adatto alla semina, risultava proficua soltanto se ripartita omogeneamente e se conforme ai ritmi stagionali: non doveva essere,

pertanto, né troppo abbondante, per evitare il ristagno idrico, col conseguente risultato di un terreno melmoso, né troppo scarsa, poiché un deflusso estremamente rapido avrebbe comportato un inaridimento del suolo[36]. L'entità della piena, quantificabile tramite i *nilometri*[37] e annotata anno per anno, ad esempio sulla *Pietra di Palermo* per quel che concerne la fase iniziale della storia egiziana[38], consentiva adeguate previsioni sui raccolti, permettendo, inoltre, di calcolare la quota annuale di tassazione[39]. A partire dal Medio Regno, quando da figura peculiare dell'Alto Egitto divenne comune anche nel Delta, era il *nomarca* ad occuparsi della riscossione delle tasse e dei problemi d'ordine interno, ampliando così i suoi precedenti compiti di funzionario preposto sia alla cura dei canali d'irrigazione, come dimostra il titolo di "*ag-mer*", scavatore di canali, che alla conservazione delle terre agricole, secondo l'ulteriore qualifica "*heqa hut*", capo delle terre agricole[40].

3. ACQUA: PERSONIFICAZIONI, DIVINITÀ E MITI COSMOGONICI

La profonda interazione tra il Nilo e l'Egitto determina, sin dai primordi della civiltà egiziana, uno stretto legame tra il fiume e la concezione culturale egizia, contribuendo di fatto alla fioritura di divinità, personificazioni e miti cosmogonici connessi all'elemento idrico. Tra questi ultimi si annovera il *Nun*, le acque primordiali[41] da cui tutto ha avuto origine[42], che nella *teologia di Heliopolis*, la più antica delle tre cosmologie egizie[43], compare spesso come rappresentazione del caos[44]: In principio, solo il caos esisteva, *Nun*, le acque primordiali. E da queste acque, in modo non specifi-

cato, il Dio Sole fu creato. Egli fu creato mentre ancora non vi era cielo, quando ancora non fu formato né rettile né serpente. Egli fu creato nella forma di *Khepre*, e non vi era nulla con lui nel luogo in cui era... aleggiante sulle acque di *Nun*, ed egli non trovò luogo su cui potesse posarsi[45]. Stando ai *Testi delle Piramidi* dell'Antico Regno[46], il mondo avrebbe avuto origine da una mescolanza di primordiali acque (*Nun*) e tenebre (*Keku Semau*), che simboleggiano il non creato, unite insieme a formare una collina da cui il dio creatore, *Ra*, *Atum* o *Khepri* a seconda delle versioni, poté dare avvio alla propria opera[47]. Dal suo *sudore*[48] (*remut*), infatti, avrebbero avuto origine gli dèi[49], dalle sue *lacrime* (*remet*), invece, sarebbero sorti gli uomini[50], in base ad un gioco di assonanza tra le due parole[51]. L'uomo e le divinità avrebbero, pertanto, la stessa origine, discendendo entrambi dal dio creatore, seppur con modalità differenti; in ambedue i casi sembrerebbe, però, fondamentale l'elemento "idrico", seppur nelle forme alterate di sudore e lacrime.

Nel suo processo creativo, dunque, il *Nun* sembra richiamare il Nilo che, con la propria inondazione, il ritiro delle acque e la rinascita del terreno, ne evoca il ricordo in una sorta di replica annuale[52]. Non solo: secondo un suggestivo inno religioso (cfr. § 4), il fiume scaturisce dalle acque primordiali e vi ritorna in un continuo ciclo di rigenerazione[53]. Tra le personificazione delle forze feconde del grande fiume egizio, poi, non tanto come divinizzazione dello stesso quanto sua essenza dinamica, compare il dio *Hapi*, l'"inondazione del Nilo"[54]. Quest'ultimo viene raffigurato[55] di solito come una figura umana opulenta, con seni copiosi e ventre prominente, a simboleggiare abbondanza[56], con in testa un ciuffo di papiro[57] ed in mano il gambo di una foglia di palma, segno che indica l'"anno"[58]. Strettamente connessa alla piena risulta, come visto nel precedente paragrafo (cfr. § 1), anche *Sothis*, la stella Sirio, onorata come araldo della piena del Nilo e rappresentata sia antropomorficamente che teriomorfa, sotto le sembianze di mucca[59]. Il dio *Hapi* ed il "padre degli dei" *Nun*[60] non costituiscono le uniche divinità "acquatiche" del panorama religioso egizio; ad esse se ne aggiungono altre, ciascuna dotata di specifiche peculiarità: *Sobek*, *Khnum*, *Satis*, *Anuqet*, *Hatmehit*, *Khedjedju*. Il "signore delle acque", *Sobek*, particolarmente venerato nella regione lacustre del Fajum[61] e nella zona di Kom Ombo[62] a partire dal Medio Regno, è ritratto nella *forma mista* di uomo e coccodrillo, secondo l'aspetto rappresentativo più caratteristico, ma non esclusivo, delle divinità nel mondo egizio[63]. Adorato anche come signore dei pesci, accanto alla dea del *nomos* di Mendes, nel Delta, *Hatmehit* "colei che governa i pesci", raffigurata come pesce o donna con simbolo ittico, domina le acque del Nilo[64]. Legato al corso fluviale egizio si rivela pure *Khnum*, dio creatore a testa d'ariete, venerato nell'area delle cascate dell'isola di Elefantina, nel sud della Valle, come "guardiano delle sorgenti del Nilo"[65]. Nel Medio Regno, insieme alla dea *Satis*, sua sposa, ed *Anuqet* (*Anukis*), loro figlia, secondo la *Teologia di Elefantina*, ne costituiva la triade, preposta al controllo dell'acqua fredda delle sorgenti nilotiche[66]. All'ambito fluviale e agli uccelli acquatici va, infine, correlato *Khedjedju*, dio della pesca, il cui culto fiorisce nel Nuovo Regno[67]. Tutti questi "dèi del Nilo"[68] personificano non tanto l'acqua, nel senso più ampio del termine, quanto l'essenza nutritiva e la forza feconda dell'inondazio-

ne, suggerendo ancora una volta l'imprescindibilità del pantheon egizio, o meglio di numerose divinità dello stesso, dal grande fiume. Nello specifico, però, veri e propri dèi dell'acqua, intesa nell'accezione più ampia di mare, laghi e pioggia, se si escludono quelli poc'anzi menzionati, nell'antico Egitto non esistono[69]. L'elemento idrico sembra, pertanto, coincidere e fondersi simbioticamente col Nilo, di cui vengono sottolineate la vitalità e l'essenza dinamica: la sua centralità nella vita del popolo egiziano si desume, del resto, anche dal silenzio dei testi letterari e delle raffigurazioni egizie in merito al "diluvio universale", racconto caratteristico di molteplici culture antiche, nonché a possibili punizioni inflitte tramite l'acqua[70]. In tale contesto, significativa si rivela, pertanto, l'esistenza di un dio della siccità, *Seth*, connesso al deserto, zona liminare al mondo ordinato; divinità potente, violenta, simbolo del male[71], di solito rappresentata come un animale indefinito o nella *forma mista* di uomo con la testa dello stesso animale[72]. La riflessione religiosa egizia, quindi, non solo celebra l'acqua sotto le spoglie del Nilo e dell'inondazione vivificatrice, ma sottolinea anche i pericoli derivanti da una sua eventuale assenza, incarnandola nella forza malvagia e distruttrice del dio *Seth*. Tale duplicità è suggerita anche dalla policromia egizia, usata nelle pitture per sottolineare il carattere dell'oggetto raffigurato e per diversificare tra loro i vari segni[73]: le tinte blu, realizzate mediante azzurrite o fritta artificiale, rappresentano il cielo, le acque primordiale ed il Nilo, simboli di vita e rigenerazione[74]; il colore rosso, creato con ocre ed ossidi di ferro, suggerisce, invece, il pericolo e le forze ostili, come il fuoco o il deserto, oltre ad alludere al sangue[75]. Il nero, infine, estratto dal carbone, ricorda le onde dell'ac-

qua ma anche la terra, rievocando la notte, la morte/eternità e la fertilità[76].

4. ACQUA: SCRITTURA E LETTERATURA

Analizzando la scrittura geroglifica egizia, tra i segni e le parole connesse al mondo acquatico, i tre determinativi, *mw*, *mr* e *š*, secondo l'ipotesi di A. Loprieno, suggeriscono un'opposizione tra l'acqua concepita in senso "naturale" e l'acqua intesa in modo "culturale"[77]. Il segno *mw* indicava, infatti, l'"acqua che scorre", mentre *mr* ed *š* sottolineavano piuttosto l'elemento idrico come forma organizzata di un "canale" o uno "stagno"[78]. Col termine *iteru*[79], invece, gli Egizi designavano "il fiume", loro fonte di vita, mentre per il nome proprio Nilo adoperavano la parola *ḥpj*, "l'inondazione"[80]. Per indicare il Delta (Basso Egitto), un tempo costituito dalle sette ramificazioni del Nilo (oggi solo due), sede di acquitrini e stagni, si usava la parola *mehu*, "la palude", in opposizione alla Valle (Alto Egitto) detta *shemau*, "la sottile", o anche *resu*, "il Sud"[81]. L'Alto ed il Basso Egitto venivano chiamati, a loro volta, *kemet*, "la (terra) nera", in riferimento alla sostanza scura che il Nilo lasciava sul terreno dopo lo straripamento, differenziandosi dal resto del territorio egizio definito *desheret*, "la (terra) rossa", ossia il deserto[82]. Già da questi primi esempi risulta evidente come l'acqua abbia influito profondamente sul pensiero egiziano, tanto da essere elevata a segno geroglifico. Non soltanto; l'esame dei testi letterari egizi rivela una presenza consistente dell'elemento idrico, un motivo ricorrente nella letteratura nilotica, che sembra documentare l'esistenza di tre "sfere acquatiche": 1) l'acqua come "passaggio", pericolosa perché in movimento, indicata idealmente dal geroglifico *mw*; 2) l'acqua "domata", controllata dall'uomo e, pertanto, non pericolosa ma, al contrario, "piacevole"; indicata idealmente dal geroglifico *mr*; 3) l'acqua "purificante", intesa come simbolo di purezza etica, in relazione alla sua funzione religiosa; indicata idealmente dal geroglifico *w'b*[83]. Il primo ambito è visibile nei testi dell'Antico Regno (es. il testo autobiografico dell'ufficiale *Kaemtjenenet*, vissuto sotto il faraone *Isesi,* V Dinastia) in cui spesso viene sottolineato l'aspetto minaccioso dell'acqua, un *topos* letterario che persisterà ancora nel Medio Regno (ad es. il *Racconto del Naufrago*)[84], benché affiancato anche da una nuova percezione come sostanza "docile" (es. *Novella del Pastore*)[85]. Questa rappresentazione, intesa come componente di un luogo piacevole, ad esempio un giardino, correlata in particolar modo alla sfera privata, è una novità del Nuovo Regno[86], sebbene permanga sempre la sua visione come fonte di pericolo, oltre che di vita[87]. Esemplare in tal senso (con questa doppia valenza pericolo/vita), è l'*Inno al Nilo*, uno dei testi letterari più suggestivi dell'antico Egitto, comunemente datato al Medio Regno ma, più probabilmente, risalente alla XVIII Dinastia[88], pervenutoci da manoscritti del 1200 a.C. circa che recita come segue: «Salute a te, o Nilo, che sei uscito dalla terra, che sei venuto per far vivere l'Egitto! Occulto di natura, oscuro di giorno, lodato dai suoi seguaci; è lui che irriga i campi, che è creato da *Ra* per far vivere tutto il bestiame; che disseta il deserto, lontano dall'acqua: è la sua rugiada, che scende dal cielo …. Signore dei pesci, che fa risalire gli uccelli acquatici …; è

lui che produce l'orzo e fa nascere il grano perché siano in festa i templi. Se è pigro i nasi sono otturati e tutti sono poveri, si diminuiscono i pani degli dèi e periscono milioni di uomini. Se è crudele, tutta la terra inorridisce, grandi e piccoli gridano. Sono ricompensati gli uomini quando si avvicina: *Khnum* lo ha creato. Quando comincia ad alzare, il paese è in giubilo, tutti sono in gioia. Ogni mascella prende a ridere, tutti i denti sono scoperti (nel riso). Portatore di nutrimento, ricco di alimenti, creatore di ogni cosa buona, signore di riverenza, dal dolce odore, benigno quando viene; è lui che fa nascere le erbe per il bestiame e dà vittime ad ogni dio …. Non c'è viaggio di barche, non lo si arresta quando avanza, non c'è chi lo diriga…»[89]. L'ultimo aspetto, infine, come simbolo di purificazione, per quel che concerne i testi letterari, si attesta soprattutto a partire dall'età ramesside, in cui continua comunque ad essere sottolineata pure la sua sfera "negativa" (es. Viaggio di *Wenamun*), sino alle fasi successive della storia egiziana: frequenti descrizioni di riti e libagioni compaiono infatti nelle composizione note come "*personal piety*"[90]. Nel periodo tardo, infine, l'elemento idrico è messo in risalto sia nella sua componente minacciosa, che in quanto metafora di abbondanza e simbolo di purezza religiosa[91].

5. ACQUA: STRUMENTO D'UNIONE E DI SEPARAZIONE

La grande arteria fluviale che percorreva, ed attraversa tuttora, il territorio egiziano, incastrata tra l'altopiano libico a ponente e la catena arabica ad Est[92], delineò immediatamente i tratti della civiltà egizia come "socie-

tà riparia". Quest'ultima, connessa strettamente ai ritmi del Nilo, si servì del proprio fiume come principale mezzo di trasporto, facendo dell'elemento idrico il "collante" del paese, oltre che strumento di scambio con le popolazioni limitrofe. Tali contatti, infatti, motivati da esigenze economiche, si svolgevano tramite l'ausilio d'imbarcazioni: per il trasporto fluviale interno, venivano realizzate barche con fusti di papiro legati insieme, mentre per le navi d'alto mare, le famose *Kebenwt*, indispensabili per i commerci a lungo raggio con la costa levantina[93], si ricorreva ai tronchi di cedro del Libano[94]. Il Nilo rappresentava, dunque, l'asse portante dell'economia egizia[95]: le interazioni commerciali, attraverso i trasporti marittimi e fluviali, integrati dalle vie carovaniere di terra, permettevano l'approvvigionamento di materie prime (legname d'alto fusto, olî, resine, terebinto[96], olio d'oliva e vino[97], pietre e metalli pregiati, quali argento, lapislazzuli, oro, rame, ametista, nonché avorio ed ebano[98], solo per citarne alcune) fra terre anche molto distanti tra loro, come Punt, la Nubia, la Costa del Levante e la penisola sinaitica. Intorno al corso d'acqua nilotico, dunque, alle sue paludi, oasi ed acquitrini si concentrava la vita stessa del popolo egizio, non solo centro di traffici commerciali, ma sede delle principali attività di sussistenza: caccia, pesca e agricoltura. Il Nilo, e per estensione l'acqua, si caratterizza, dunque, da una parte come collettore della storia egiziana, in quanto motore primario del suo sviluppo, dall'altra, invece, come elemento di separazione tra due ambiti nettamente contrapposti, la sfera umana ed il mondo ultraterreno. La riva occidentale, infatti, punto cardinale in cui tramonta e "muore" il sole, ospitava le necropoli egiziane[99]; quella orientale, invece, in cui l'astro nasce e "risorge" ogni giorno, accoglieva le "città dei vivi". In questo caso, dunque, la sostanza acquatica, usata di solito come barriera difensiva naturale tra le varie popolazioni, nonché motivo spesso di conflitto fra le stesse, come suggerisce anche la parola "rivale"[100], nell'antico Egitto sottolinea ulteriormente il confine tra il mondo dei viventi e quello dei morti.

Fig. 3.

6. ACQUA:
ELEMENTO RIGENERANTE
E DI PURIFICAZIONE

Alla sfera ultramondana l'elemento idrico si congiunge in virtù delle proprietà rigeneranti e purificatrici che gli Egiziani le attribuivano. In numerosi rilievi funerari (ad esempio la tomba di *Sennedjem* a Deir el Medina, XIX Dinastia)[101], infatti, compare spesso una divinità, la *dea del sicomoro o dell'albero ished*, raffigurata mentre, celata tra le foglie o parzialmente inglobata nel tronco di un albero, quasi sempre un sicomoro (a volte una palma da datteri), porge con una mano al defunto acqua pura, tramite un *vaso-heset*[102] e, con l'altra, di solito, tiene una tavola offertoria (fig. 3)[103]. Tale dea, identificabile con *Nut*, il cielo stellato, o *Hathor*, "l'occhio di Ra", a seconda dei casi[104], personificava le forze nutritive, fornendo al corpo ed allo spirito del defunto nuove energie, anche dopo la morte[105]. In associazione, dunque, all'iconografia della *dea dell'albero*, a scene funerarie di processioni e rappresentazioni faraoniche d'incoronazione, legate a riti di purificazione, si trova frequentemente il *vaso-heset* (ad esempio nella tomba di *Mereri* a Sakkara, VI Dinastia), un recipiente che serviva ad officiare cerimonie di aspersione e libagioni d'acqua. Non solo la sua raffigurazione sui rilievi parietali ma anche la stessa presenza in numerosi corredi tombali, a partire dalle prime dinastie egizie fino all'età tarda, nonché i materiali preziosi[106] con i quali era spesso realizzato, ne testimoniano e sottolineano il particolare valore, correlato a rituali in cui l'acqua acquisiva valenza rigenerante, accezione sottesa pure ad immagini di defunti che si abbeverano da un pozzo[107] (fig. 4). La stessa forma del vaso, di dimensioni ridotte e piuttosto maneggevole, ne ha consentito l'uso fino all'epoca romana, sempre in relazione a cerimonie di purificazione[108]. Un simile valore dell'elemento acquatico si evince, del resto, anche dai rituali egizi di fondazione dei templi; durante il Nuovo Regno, infatti, col raggiungimento della conformazione classica templare egiziana[109], questa cerimonia diventa pregnante, in quanto correlata alle acque primordiali (cfr. fig. 3)[110]. La "casa del dio", l' "orizzonte", nasce e si mescola col *Nun*: la fossa di fondazione arriva idealmente al livello dell'oceano primordiale, mentre il suo riempimento rappresenta la collina da cui il dio creatore diede origine al mondo[111]. Anche il muro di cinta rievoca il *Nun*, con i suoi mattoni ondulati che ricordano il simbolo geroglifico dell'acqua: "colui che oltrepassa il muro si bagna nell'oceano primordiale, ne fuoriesce purificato, dando vita alla nuova dimora divina"[112]. Correlato ancora all'aspetto rigenerativo dell'acqua risulta, inoltre, il fenomeno sviluppatosi nella Tarda Età egiziana noto come *divinizzazione per annegamento*, in base al quale vengono costruiti santuari alle

Fig. 4.

persone annegate nel Nilo, il cui "movimento" nel fiume sembra suggerire la rigenerazione nelle acque primordiali[113]. Lo stesso Erodoto tramanda nelle sue *Storie* tale pratica: "Se uno degli Egiziani o anche uno straniero, afferrato da un coccodrillo o dallo stesso fiume, ricompare morto, è assolutamente necessario che gli abitanti della città, presso la quale è stato gettato a riva, lo facciano mummificare, ne curino i funerali nel modo migliore, e lo seppelliscano in urne sacre … con le proprie mani invece lo seppelliscono gli stessi sacerdoti del Nilo, poiché è considerato qualcosa di più di un cadavere umano"[114]. L'elemento idrico, dunque, sembra aver assunto presso il popolo egiziano, accanto a molteplici altre, anche un'evidente funzione sacrale, intesa come forza nutritiva, potenza rigenerante ed essenza purificatoria.

7. Conclusioni

L'acqua ha alimentato, nel corso di oltre tremila anni di storia, la riflessione ed il pensiero egizio, permeandone ogni aspetto, dal semplice fabbisogno alimentare alla più complessa epifania divina. Da fonte di sostentamento ha assunto, infatti, accezioni e funzioni molteplici: scansione temporale (ὡρολόγιον), sistema irrigativo (naturale ed artificiale), strumento d'unione/separazione, oggetto sacro e devozionale, elemento rigenerante. La ciclicità

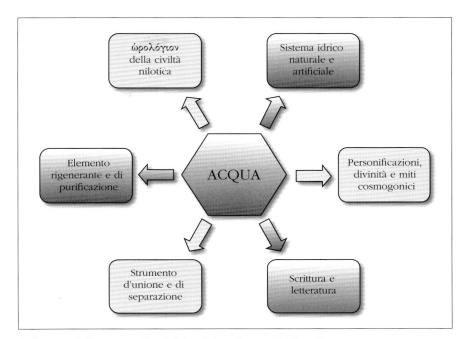

Influenza dell'acqua sulla civiltà egizia: schema riepilogativo

della piena nilotica ha permesso una suddivisione ordinata e precisa del *tempo*, mentre l'uso di tecniche idrauliche la gestione ed il controllo dell'evento naturale da parte dell'uomo[115]. La sostanza idrica, all'inizio fucina delle principali attività di sussistenza, è stata investita, col passare del tempo, di un alone di sacralità, percepibile nelle varie manifestazioni "acquatiche" del *pantheon* egizio, suggerendo una particolare interazione tra la popolazione egiziana ed il proprio fiume. La stessa letteratura ne ha sottolineato la rilevanza, celebrandone la dicotomia pericolo/vita ed innalzandola a "ἱερο-γλύφος"[116]. Non soltanto: l'elemento acquatico è diventato,

nell'immaginario collettivo, strumento della creazione numinosa ed umana, fonte di prosperità in vita e mezzo di purificazione dopo la morte. La sua forza vitale ed il proprio potere rigenerativo, all'origine della venerazione del popolo nilotico, che ne ha percepito, da sempre, l'essenza dinamica, il valore[117], la "spiritualità", l'hanno resa degna di rispetto e celebrazione. Inneggiata, pertanto, in canti e testi letterari, impiegata in abluzioni rituali, nonché raffigurata su immagini parietali, una volta "*oro blu*" della civiltà egiziana, l'acqua diviene oggi scarsa risorsa, scevra delle sue antiche e numerose componenti.

* benetti.martina@libero.it

Tabella sinottica cronologica[118]

PERIODI	DINASTIE	
Periodo Tardo Predinastico (3150-3125)	Dinastia 0 (3150-3125)	
Periodo Tinita o Protodinastico (3125-2700)	Dinastia I 3125-2925 Tinis	
	II dinastia 2925-2700 Tinis	
Antico Regno (2700-2190)	III dinastia 2700-2625 Menfi	
	IV dinastia 2625-2510 Menfi	
	V dinastia 2510-2460 Eliopoli	
	VI dinastia 2460-2190 Menfi	
Primo Periodo Intermedio (2190-2040)	VII-VIII dinastia 2190-2160	
	IX dinastia 2160-2130 Herakleopolis	
	X dinastia 2130-2040 Herakleopolis	XI dinastia 2133-1991 Tebe
Medio Regno (2040-1785)	XII dinastia 1991-1785	
Secondo Periodo Intermedio (1785-1552)	XIII-XVII dinastia (1785-1552)	
Nuovo regno (1552-1069)	XVIII dinastia (1552-1295)	
	XIX dinastia (1295-1188)	
	XX dinastia (1188-1069)	
Terzo periodo intermedio (1069-664)	XXI-XXV dinastie (1069-656)	
Epoca tarda (664-323)	XXVI dinastia (664-525) epoca saitica	
	XXVII dinastia (525-404) primo periodo persiano	
	XXVIII-XXX dinastia (404-343): Amirteo, din. Mendesica, din. Sebennita	
	Secondo periodo persiano (343-332)	
Periodo greco e romano (332 a.C.-313 d.C.)	Conquista macedone (332-304)	
	Epoca tolemaica (304-31)	
	Annessione all'Impero romano (30)	

NOTE

[1] Il determinativo *mw* indicava, nell'antico Egitto, l'acqua.

[2] KANITZ 2005, p. 160; HAGEN–HAGEN 2004, p. 19; KEMP 2000, p. 14; BUTZER 1978, p. 14.

[3] Il Nilo Bianco, il Nilo Azzurro e l'Atbara.

[4] L'inondazione oggi è regolamentata dalla grande diga di Assuan, che ha dato origine al lago artificiale Nasser: HAGEN–HAGEN 2004, pp. 16-17; DONADONI 2002, p. 14.

[5] TATOMIR 2005, p. 182 (cfr § 2); HAGEN–HAGEN 2004, p. 16, p. 20.

[6] KANITZ 2005, p. 160; KEMP 2000, p. 14.

[7] ROCCATI 2005, p. 19; DETOMA 2003, p. 110.

[8] CAPRIOTTI VITTOZZI 2002a, p. 110.

[9] DETOMA 2003, p. 111; HORNUNG 2002, p. 121. La stella Sirio era venerata come araldo della piena del Nilo (cfr § 2): HORNUNG 1992, p. 73, p. 276.

[10] DETOMA 2003, p. 95; HORNUNG 2002, p. 59.

[11] GRIMAL 2003, pp. 63-64; CAPRIOTTI VITTOZZI 2002a, p. 110; KEMP 2000, p. 16.

[12] GRIMAL 2003, pp. 63-64.

[13] HORNUNG 2002, p. 59; CAPRIOTTI VITTOZZI 2002a, p. 110.

[14] GRIMAL 2003, pp. 63-64. In età arcaica, infatti, esisteva un calendario mensile utilizzato solo a scopo religioso e per il conteggio delle feste, che teneva in considerazione la reale lunghezza del mese: DETOMA 2003, p. 99; HORNUNG 2002, p. 59.

[15] Una caratteristica della mentalità egiziana, costante in tutta la sua storia.

[16] CONTARDI 2002, p. 82; NOTA SANTI–CIMINO 1999, pp. 58-59.

[17] CONTARDI 2002, p. 82.

[18] Erodoto visitò la Terra del Nilo tra il 450-449 a.C.: CAPRIOTTI VITTOZZI 2002a, p. 110.

[19] Hdt., II, 5.

[20] GRIMAL 2003, pp. 19-20; CAPRIOTTI VITTOZZI 2002a, p. 110; ROCCATI 2002b, p. 21.

[21] ROCCATI 2002b, p. 21; EYRE 1994, p. 57.

[22] ZINGARELLI 2005, p. 381; HAGEN–HAGEN 2004, p. 16; EYRE 1994, p. 58.

[23] GOZZOLI 2005, p. 141; HAGEN–HAGEN 2004, p. 16; JANICK 2002, pp. 27-31; KEMP 2000, p. 16.

[24] JANICK 2002, pp. 27-31; KEMP 2000, p. 16; EYRE 1994, p. 58, p. 60, p. 63.

[25] JANICK 2002, p. 30; KEMP 2000, pp. 18-19; EYRE 1994, p. 61.

[26] KANITZ 2005, p. 160; LAUREANO 2001, pp. 126-127; KEMP 2000, pp. 17-18; EYRE 1994, pp. 63-64; HUGONOT 1989, p. 84, p. 257; BUTZER 1976, pp. 43-48.

[27] KEMP 2000, pp. 17-18.

[28] *Ibid.*, pp. 18-19.

[29] KANITZ 2005, p. 161; EYRE 1994, p. 64.

[30] KANITZ 2005, p. 160.

[31] KANITZ 2005, p. 161; EYRE 1994, p. 72; SCHENKEL 1978, p. 36.

[32] KANITZ 2005, p. 162; EYRE 1994, p. 57, p. 74; SCHENKEL 1978, p. 74.

[33] Nella regolamentazione delle acque e nella ricostruzione, in caso di danni (compiti citati in alcuni documenti della storia egizia, religiosi e non), si manifesta ancora una volta il ruolo del faraone come garante dell'ordine cosmico universale: GOZZOLI 2005, p. 142.

[34] KANITZ 2005, p. 160, p. 163; KEMP 2000, p. 18.

[35] HAGEN–HAGEN 2004, p. 16; KEMP 2000, p. 18.

[36] GRIGNOLA 1997, p. 8; MATTHIAE 1976, pp. 24-25.

[37] Tra i *Nilometri* più conosciuti si annoverano quelli nella località di Edfu e nelle isole di Elefantina (Assuan), della Roda (Cairo) e di Philae.

[38] Si tratta di un'antica stele egiziana frammentaria in basalto nero, incisa verso la fine della V Dinastia, che registra i nomi e gli anni di regno dei primi faraoni egiziani (dall'epoca tinita, circa 3050-2700, sino a *Neferirkara*, terzo re della V Dinastia, 2510-2460), nonché informazioni sulle inondazioni del Nilo, cerimonie religiose, tassazioni ed altri avvenimenti accaduti durante il governo di ognuno di questi sovrani: GRIMAL 2003, pp. 61-87; TRIGGER 2000, p. 187; WILKINSON 2000, p. 135, p. 154, pp. 235-236.

[39] KEMP 2000, p. 18; TRIGGER 2000, p. 187; WILKINSON 2000, p. 135, p. 154, pp. 235-236 .

[40] GRIMAL 2003, p. 116; TRIGGER 2000, p. 125.

[41] Il *Nun* non è un elemento negativo, ma rappresenta semplicemente una massa increata che contiene in sé i germi della creazione: HAGEN–HAGEN 2004, p. 21; GRIMAL 2003, p. 52; HORNUNG 2002, p. 121; CAPRIOTTI VITTOZZI 2002a, p. 111.

[42] HORNUNG 1992, p. 274.

[43] Anche nella *cosmologia di Hermopolis* il mondo ha origine con un caos liquido increato, in cui quattro coppie di rane e di serpenti, tra cui il dio *Nun* e la sua componente femminile *Naumet* (le altre coppie sono formate da *Heh* e *Hebet*, l'acqua, *Keku* e *Keket*, l'oscurità, *Amon*, il dio "sconosciuto", e la sua compagna *Amanuet),* creano un uovo e lo depongono su un monticello: GRIMAL 2003, p. 55; HORNUNG 1992, p. 274.

[44] TATOMIR 2005, p. 182.

[45] DETOMA 2003, pp. 107-108; ERMANN 1977, pp. 25-27.

[46] I *Testi delle Piramidi* costituiscono una silloge di formule di carattere religioso-funerario, scolpite per la prima volta sulle pareti della camera sepolcrale della piramide di *Unas* (ultimo faraone della V Dinastia) e, in seguito, di tutti i sovrani e le regine della VI Dinastia, con lo scopo di aiutare il sovrano defunto nel suo processo di resurrezione e di ascesa al cielo. Sebbene prodotto dell'Antico Regno, riflettono in parte tradizioni più arcaiche di sapore magico e mitico: DONADONI 1967, pp. 10-33.

[47] GRIMAL 2003, p. 52; HORNUNG 2002, p. 36, p. 41, p. 43, p. 77, p. 79; FRANKFORT 1992, p. 13; Anche in altri testi, ad es. i *Testi dei Sarcofagi* (Medio Regno) ed i *Libri dell'Aldilà* (Nuovo Regno), il mondo originato dalla creazione è circondato ovunque da acque e tenebre primordiali: HORNUNG 2002, p. 43.

[48] Dal suo sputo, dalla saliva o tramite altri mezzi a seconda delle versioni: GRIMAL 2003, p. 52.

[49] Dapprima la coppia originaria *Shu*, il Secco, e *Tefnu*t, l'Umida, con ulteriore allusione all'elemento idrico; poi dalla loro unione una seconda coppia, *Nut*, il Cielo e *Geb*, la Terra; infine i figli di questi ultimi *Iside, Osiride, Seth* e *Nefti*; GRIMAL 2003, pp. 52-53.

[50] Nella *Leggenda dell'occhio di Ra*, uno dei tanti miti sorti intorno alla *Teologia heliopolitana*, viene narrata con maggiore dettaglio la creazione dell'uomo. Il *Sole* ha perduto il suo occhio e, mentre i figli tentano di ritrovarlo, il dio lo sostituisce; quando l'*Occhio* torna e si accorge di essere stato "rimpiazzato", per la rabbia scoppia in lacrime: da queste nascono gli uomini. Il *Sole*, allora, pone l'*Occhio* sulla sua fronte trasformandolo nell'*Ureo*, il cobra che fulmina i nemici della divinità: GRIMAL 2003, p. 53.

[51] GRIMAL 2003, p. 53; HORNUNG 2002, p. 41; DETOMA 2002, p. 109.

[52] GRIMAL 2003, p. 52; DETOMA 2003, pp. 110-111.

[53] HAGEN–HAGEN 2004, p. 21.

[54] HAGEN–HAGEN 2004, pp. 20-21; CAPRIOTTI VITTOZZI 2002a, p. 112, p. 114; HORNUNG 1992, p. 71, p. 98, p. 271.

[55] Il dio *Hapi* è spesso rappresentato con accanto i cosiddetti "dei del Nilo", una moltitudine di geni fecondi: HORNUNG 1992, p. 71.

[56] HORNUNG 2002, p. 125.

[57] HORNUNG 1992, p. 271.

[58] Tale simbolo rappresenta quindi l'inondazione annuale: HAGEN–HAGEN 2004, p. 20; CAPRIOTTI VITTOZZI 2002b, p. 119.

[59] La stella Sirio, in virtù della sua rappresentazione, era spesso identificata con la dea *Iside*, ovvero con una sua manifestazione: HORNUNG 1992, p. 73, p. 276; ID. 2002, p. 121.

[60] HORNUNG 1992, p. 131, p. 274.

[61] In particolare nel centro di Shedenu, la Crocodilopoli d'età greco-romana: CAPRIOTTI VITTOZZI 2002a, p. 115.

[62] HORNUNG 1992, p. 71, p. 103, p. 276.

[63] Secondo Erik Hornung la "forma mista" delle divinità egizie, ossia la fusione tra corpo umano e testa animale o viceversa, arricchisce e completa le numerose possibilità di rappresentazione dell'elemento divino, sottolineando la connessione tra quest'ultimo ed un suo particolare attributo: HORNUNG 1992, pp. 98-110.

[64] *Ibid.*, pp. 71, 73 e 271.

[65] *Ibid.*, p. 272; LEOSPO–TOSI 1998, p. 77.

[66] HORNUNG 1992, p. 275.

[67] *Ibid.*, p. 272.

[68] CAPRIOTTI VITTOZZI 2002a, p. 114; HORNUNG 1992, p. 71.

[69] HORNUNG 1992, p. 71.

[70] L'uomo egizio difficilmente poteva concepire un "inferno" di ghiaccio ed un "diluvio universale", poiché l'acqua costituiva per lui un elemento vitale e rigenerante: HORNUNG 2002, p. 108.

[71] Secondo la leggenda *Seth* uccise il fratello *Osiride*: HORNUNG 1992, pp. 105, 136 e 275.

[72] Forse un asino selvatico: RUSSO 2002, p. 64.

[73] RUSSO 2002, p. 63; HORNUNG 2002, pp. 21-22.

[74] TATOMIR 2005, p. 182; RUSSO 2002, p. 63; HORNUNG 2002, p. 21, pp. 36-37.

[75] Il rosso è il colore del dio *Seth*: TATOMIR 2005, p. 182; ROCCATI 2002c, p. 140; RUSSO 2002, p. 63; HORNUNG 2002, pp. 21-22.

[76] RUSSO 2002, p. 63.

[77] LOPRIENO 2005, p. 25.

[78] LOPRIENO 2005, p. 25; TATOMIR 2005, p. 183; GARDINER 1978, pp. 490-491 (nn. 35-36-37).

[79] RUSSO 2002, p. 65.

[80] LOPRIENO 2005, p. 25; GARDINER 1978, p. 491.

[81] RUSSO 2002, p. 65.

[82] RUSSO 2002, p. 65; JANIK 2002, p. 1; VALBELLE 1990, p. 46.

[83] LOPRIENO 2005, pp. 26-27.

[84] Testimonianza ne sono, infatti, i seguenti testi: il *Racconto del Naufrago*, l'*Oasita Eloquente*, il *Mito dell'annegamento di Osiride*, una formula magica all'interno dei *Testi dei Sarcofagi* (formula n. 836, iscritta su un sarcofago della XII Dinastia), l'*Insegnamento del re Amenemhat*, l'*Inno al Nilo*; LOPRIENO 2005, pp. 28-29, p. 32.

[85] Con simile accezione compare anche nel *Discorso del cacciatore* del papiro *Butler*: LOPRIENO 2005, p. 30.

[86] LOPRIENO 2005, p. 31.

[87] *Ibid.*, p. 34.

[88] LOPRIENO 2005, p. 33.

[89] BRESCIANI 1969, pp. 194-195.

[90] Altri testi con tale "sfera" negativa sono, oltre al *Viaggio di Wenamun*, l'*Inno del papiro di Leida* (I, 350), le *Lamentazioni dello scriba Menna al figlio Pairy*, le *Lamentazioni di Wermai* e gli *Insegnamenti di Amenemope*: LOPRIENO 2005, pp. 34, 36 e 39.

[91] *Ibid.*, p. 37.

[92] GRIMAL 2003, p. 19; LIVERANI–FRASCHETTI–COMBA 1998, p. 68; MATTHIAE 1976, p. 24; BUTZER 1959, pp. 78-81.

[93] Il commercio tra l'Egitto ed il Levante all'inizio del III Millennio a. C. avveniva, in principio, attraverso trasporti carovanieri, utilizzando il Sinai come ponte di terra intermedio, o tramite brevi viaggi marittimi (MATTHIAE 2006, p. 24, p. 112; SMYTH 1998, p. 8) con approdi lungo l'inospitale litorale palestinese (GOPHNA 2002, p. 420). In seguito, col miglioramento delle tecniche navali, gli equipaggi egizi fecero rotta anche sulla costa siriana a bordo d'imbarcazioni d'alto

mare, definite in molteplici fonti dell'Antico, Medio e Nuovo Regno "*Kbnwt*" (e, poi, dal Medio Regno *Kpnwt*), ossia "navi da Biblo". Le *Kebenwt* erano navi d'alto corso, destinate a lunghi tragitti marittimi, adibite allo scambio di merci tra i principali centri della costa orientale del Mediterraneo e, in alcuni casi, furono adoperate dagli Egizi anche per le navigazioni verso il territorio di Punt (SMYTH 1998, p. 8; WARD 1991, p. 14; MONTET 1954, p. 69).

[94] Benché il territorio nilotico fosse provvisto di alberi come l'acacia ed il tamarisco, ideali per la fabbricazione di barche fluviali e per una architettura di tipo domestico, tuttavia, era privo di piante d'alto fusto, indispensabile per la creazione di sarcofagi, navi transmarine e per l'attività edilizia monumentale. A tale scopo si adattavano meglio i preziosi tronchi della regione di Biblo e delle foreste siro-palestinesi, da cui l'Egitto importava, sin dalle monarchie tinite, cedri, abeti e cipressi, insieme ad altri tipi di legname; HAGEN–HAGEN 2004, p. 20, p. 22; SMYTH 1998, p. 8; WARD 1991, p. 14; MATTHIAE 1976, p. 22.

[95] TATOMIR 2005, p.184.

[96] Olî, resine e terebinto erano indispensabili per la mummificazione: SMYTH 1998, p. 6; SCANDONE MATTHIAE 1994, p. 37; WARD 1991, p. 14.

[97] HANDRICKX–BAVAY 2002, pp. 68-72; SMYTH 1998, p. 6.

[98] L'argento proveniva dalle miniere dell'Amano, il lapislazzuli dal lontano Afghanistan, mentre oro, ebano, avorio e rame erano facilmente reperibili sia nel territorio egiziano che nei paesi confinanti (Punt, Nubia e Sinai): SCANDONE MATTHIAE 1994, p. 37; WARD 1991, p. 11, p. 14, p. 16, p. 18.

[99] GRIMAL 2003, p. 147.

[100] Il termine rivale deriva dal latino *rivalem*, ossia "chi usa lo stesso ruscello, chi dimora sul rivo". Le prime forme di conflittualità tra le comunità umane si sono manifestate, non a caso, attorno all'elemento idrico: "guerre dell'acqua", oggi definite *idro-jihad*, si sono verificate, infatti, tra numerose civiltà antiche e sussistono tuttora in diverse zone del globo, sia all'interno di uno stesso paese (ad esempio in India, dove ogni fiume è diventato ormai oggetto di contrasti insolubili: SHIVA 2003, pp. 80-82) sia tra Stati diversi che condividono il medesimo fiume (ad esempio tra Egitto, Sudan ed Etiopia per il controllo del Nilo: ID. 2003, pp. 83-88).

[101] HORNUNG 2002, p. 170, p. 174.

[102] SPORTELLINI 2005, p. 343; ZINGARELLI 2005, p. 381, HORNUNG 2002, p. 170.

[103] SPORTELLINI 2005, p. 343; ZINGARELLI 2005, p. 384; LEOSPO–TOSI 1998, p. 79.

[104] SPORTELLINI 2005, p. 343; ZINGARELLI 2005, p. 384, p. 388; HORNUNG 2002, p. 170.

[105] HORNUNG 2002, p. 103, pp. 170-171.

[106] Oro, argento, bronzo, faïence, legno intarsiato con paste vitree o materiali simili, argilla spesso dipinta: SPORTELLINI 2005, p. 339.

[107] SPORTELLINI 2005, p. 339, p. 344.

[108] *Ibid.*, pp. 337-344.

[109] Intesa come una struttura in pietra dotata di componenti fisse: pilone, cortile aperto, atrio ipostilo, Sala delle offerte, santuario, lago sacro e ambiente per la barca solare; HORNUNG 2002, p. 119.

[110] HORNUNG 2002, p. 119, p. 121; EYRE 1994, p. 64.

[111] HORNUNG 2002, p. 119, p. 121.

[112] *Ibid.*, p. 121.

[113] Si costruiscono templi e si fonda il culto di *Antinoo*, il preferito dell'imperatore *Adriano*, morto anch'esso annegato nel Nilo (KOENIG 2005, p. 99, p. 103; LOPRIENO 2005, p. 28; HORNUNG 2002, p. 86). Tale pratica si ricollega alla morte del dio *Osiride* che, secondo la mitologia egizia, venne ucciso con l'inganno dal malvagio fratello *Seth*, che lo fece annegare nelle acque del Nilo. Dopo varie peripezie, la moglie *Iside* riuscì a recuperare il corpo di *Osiride* e, avvalendosi dei suoi poteri magici, resuscitò il corpo del marito che, non potendo più vivere sulla Terra, divenne signore dei morti e, in seguito, si trasfigurò nella costellazione di Orione (Plut., *Mor.*, 13-16, 356B-358B). *Osiride* simboleggia, dunque, con la sua morte e "resurrezione" l'inondazione annuale del Nilo: l'acqua che decresce rappresenta la morte del dio, mentre il suo rifluire la vita: FRANKFORT 1992, pp. 11-15.

[114] Hdt. II, 90; HORNUNG 2002, p. 86.

[115] Secondo un'ipotesi molto suggestiva di H. Frankfort, durante il periodo Predinastico ogni villaggio formava una comunità a sé, governata da un capo locale il cui potere derivava dalla sua fama di "signore della pioggia", ossia dalla capacità di prevedere l'inondazione del Nilo (TRIGGER 2000, p. 60). Simili personaggi, in grado di controllare le piogge sono stati identificati, anche tra alcune recenti tribù africane, es. i Dinka, i Ngonde e i Jukun; in alcune tribù venivano uccisi se sospettati di avere perso i loro poteri "magici" (*Ibid.*, pp. 60-61).

[116] Geroglifico, dal greco ἱερός (sacro) e γλύφειν (incidere), ossia "incisione sacra".

[117] Nel senso latino del termine di "essere forte, valido, vigoroso", dal verbo valēre.

[118] Tutte le date, dove non specificato altrimenti, sono da intendersi avanti Cristo.

BIBLIOGRAFIA

AMENTA–LUISELLI–SORDI 2005 = A. AMENTA, M.M. LUISELLI, M.N. SORDI, *L'acqua nell'Antico Egitto. Vita, rigenerazione, incantesimo, medicamento* Atti del Congresso (Chianciano Terme, 15-18 ottobre 2003), Roma 2005.

AMENTA 2006 = A. AMENTA, *Il faraone-uomo, sacerdote, dio*, Roma 2006.

BIETAK 2007 = M. BIETAK, *Ägypten und Levante. Internationale Zeitschrift für ägyptische Archäologie und deren Nachbargebiete*, XVII, Wien 2007.

BONNEAU 1993 = D. BONNEAU, *Le régime administratif de l'eau du Nil dans l'Égypte grecque, romaine et byzantine*, Leiden 1993.

BRESCIANI 1969 = E. BRESCIANI, *Letteratura e poesia dell'antico Egitto*, Torino 1969.

BUTZER 1959 = K.W. BUTZER, *Environment and Human Ecology in Egypt during Predynastic and early Dynastic times*, in *Bullettin de la Société Géographique d'Egypte* 32, 1959, pp. 36-87.

BUTZER 1970 = K.W. BUTZER, *Physical Conditions in Eastern Europe, Western Asia and Egypt before the Period of Agricultural and Urban Settlement* in AA.VV., *Cambridge Ancient History*, Vol. I, part 2, Cambridge 1970, pp. 35-69.

BUTZER 1976 = K.W. BUTZER, *Early Hydraulic Civilization in Egypt: a Study in Cultural Ecology*, Chicago 1976.

BUTZER 1978 = K.W. BUTZER, *The People of the River*, in J.B. BILLARD (éd.), *Ancient Egypt: Discovering Its Splendors*, Washington D.C. 1978, pp. 32-41.

BUTZER 1984 = K.W. BUTZER, *Long-Term Nile Flood Variations and Political Discontinuities in Pharaonic Egypt*, in J.K. CLARK, S.A. BRANDT (eds.), *From Hunters to Farmers: The Causes and Consequences of Food Production in Africa*, Berkeley 1984, pp. 102-112.

BUTZER 1996 = K.W. BUTZER, *Irrigation, Raised Fields and State Management: Wittfogel Redux?*, in *Antiquity* 70, 1996, pp. 200-204.

BUTZER 2002 = K.W. BUTZER, *Geoarchaeological implications of recent research in the Nile Delta*, in VAN DEN BRINK–LEVY 2002, pp. 83-97.

CAPRIOTTI VITTOZZI 2002a = G. CAPRIOTTI VITTOZZI, *Il fiume e gli acquitrini*, in ROCCATI–CAPRIOTTI VITTOZZI 2002, pp. 110-118.

CAPRIOTTI VITTOZZI 2002b = G. CAPRIOTTI VITTOZZI, *Le palme e il loro significato nell'antico Egitto*, in ROCCATI–CAPRIOTTI VITTOZZI 2002, pp. 119-124.

CILENTO 2002 = V. CILENTO, *Plutarco, Iside e Osiride e Dialoghi Orfici*, Milano 2002.

CONTARDI 2002 = F. CONTARDI, *La Scrittura - Catalogo*, in ROCCATI–CAPRIOTTI VITTOZZI 2002, p. 82.

DETOMA 2003 = E. DETOMA *L'astronomia degli Egizi*, in AA.VV. (a cura di), *Scienze moderne e antiche sapienze. Le radici del sapere scientifico nel Vicino Oriente Antico*, Atti del Convegno Internazionale (Milano, 25 gennaio 2003), Milano 2003, pp. 91-121.

DONADONI 1967 = S. DONADONI, *La letteratura egizia*, Firenze 1967.

DONADONI 1986 = S. DONADONI, *Cultura dell'Antico Egitto*, Roma 1986.

DONADONI 1997 = S. DONADONI, *Testi religiosi egizi*, Milano 1997.

DONADONI 2002 = S. DONADONI, *El brugress mashi*, in ROCCATI–CAPRIOTTI VITTOZZI 2002, pp. 11-17.

ERMANN 1977 = A. ERMANN, *A Handbook of Egyptian Religion*, Boston 1977, pp. 25-27.

EYRE 1994 = C.J. EYRE, *The Water Regime for Orchards and Plantations in Pharaonic Egypt*, in *JEA* 80, 1994, pp. 57-80.

EYRE 1995 = C.J. EYRE, *The Agricultural Cycle, Farming, and Water Management* in J.M. SASSON (ed.), *Civilizations of the Ancient Near East*, vol. I, New York 1995.

FRANKFORT 1970 = H. FRANKFORT, *Arte e Architettura dell'Antico Oriente*, Torino 1970.

FRANKFORT 1991 = H. FRANKFORT, *La religione dell'antico Egitto*, Torino 1991.

FRANKFORT 1992 = H. FRANKFORT, *Il dio che muore. Mito e cultura nel mondo preclassico*, Firenze 1992.

GARDINER 1978 = A. GARDINER, *Egyptian Grammar*, Oxford 1978.

GOPHNA 2002 = R. GOPHNA, *Elusive Anchorage Points along the Israel Littoral and the Egyptian-Canaanite Maritime Route during the Early Bronze Age I*, in VAN DEN BRINK–LEVY 2002, pp. 418-421.

GOZZOLI 2005 = R.B. GOZZOLI, *Inondazione e pioggia come segno di predilezione divina durante la XXV e XXVI Dinastia*, in AMENTA–LUISELLI–SORDI 2005, pp. 141-149.

GRIGNOLA 1997 = A. GRIGNOLA, *Egitto. Un'antica grande civiltà*, Demetra, Verona 1997.

GRIMAL–MENU 1998 = N. GRIMAL, B. MENU, *Le commerce en Égypte ancienne*, Le Caire 1998 (*Bibliothèque d'Étude* 121).

GRIMAL 2003 = N. GRIMAL, *Storia dell'Antico Egitto*, Roma-Bari 2003.

HAGEN–HAGEN 2004 = R.M. e R. HAGEN, *Egitto. Popolo. Divinità. Faraoni*, Köln 2004.

HANDRICKX–BAVAY 2002 = S. HANDRICKX, L. BAVAY, *The Relative Chronological Position of Egyptian Predynastic and Early Dynastic Tombs with Objects Imported from the Near East and the Nature of Interregional Contacts*, in VAN DEN BRINK–LEVY 2002, pp. 58-80.

HELCK 1979 = W. HELCK, *Einige Betrachtungen zu den frühesten Beziehungen zwischen Ägypten und Vorderasien*, in *Ugarit Forschungen* 11, 1979, pp. 357-363.

HORNUNG 1992 = E. HORNUNG, *Gli dei dell'antico Egitto*, Roma 1992.

HORNUNG 2002 = E. HORNUNG, *Spiritualità nell'antico Egitto*, Roma 2002.

HUGONOT 1989 = J.C. HUGONOT, *Le jardin dans l'Égypte ancienne*, Frankfurt am Main 1989.

JANICK 2002 = J. JANICK, *Ancient Egyptian Agriculture and the Origins of Horticulture*, in S. SANSAVINI, J. JANICK (eds.), *Proceedings of the International Symposoium on Mediterranean Horticulture Issues and Prospects. Acta Horticulturae*, 582, 2002, pp. 23-39.

KANITZ 2005 = E. KANITZ, *La gestione delle risorse idriche nell'Egitto antico e nell'Egitto moderno: un confronto*, in AMENTA–LUISELLI–SORDI 2005, pp. 159-171.

KEMP 2000 = B.J. KEMP, *Antico Egitto. Analisi di una civiltà*, Milano 2000.

KOENIG 2005 = YVAN KOENIG, *L'eau et la magie*, in AMENTA–LUISELLI–SORDI 2005, pp. 91-105.

LANDGRAFOVA 2005 = R. LANDGRAFOVA, *Water in Ancient Egyptian Love Songs*, in AMENTA–LUISELLI–SORDI 2005, pp. 69-79.

LAUREANO 2001 = P. LAUREANO, *Atlante d'acqua. Conoscenze tradizionali per la lotta alla desertificazione*, Torino 2001.

LEOSPO–TOSI 1998 = E. LEOSPO, M. TOSI, *Vivere nell'antico Egitto. Deir el-Medina, il villaggio degli artefici delle tombe dei re*, Firenze 1998.

LIVERANI 2000 = M. LIVERANI, *Antico Oriente. Storia, società, economia*, Roma-Bari, 2000.

LIVERANI 2004 = M. LIVERANI, *Oltre la Bibbia. Storia Antica di Israele*, Roma-Bari 2004.

LIVERANI–FRASCHETTI–COMBA 1998 = M. LIVERANI, A. FRASCHETTI, R. COMBA (a cura di), *Dal Villaggio all'Impero*, Vol. I, Torino 1998.

LOPRIENO 2002 = A. LOPRIENO, *Viaggi e paesaggi nella letteratura egizia*, in ROCCATI–CAPRIOTTI VITTOZZI 2002, pp. 87-91.

LOPRIENO 2005 = A. LOPRIENO, *Water in Egyptian Literature*, in AMENTA–LUISELLI–SORDI 2005, pp. 25-40.

MANNING 2002 = J.G. MANNING, *Irrigation et État en Égypte antique*, in *Annales, Histoire, Sciences socials* 57/3, 2002, pp. 611-623.

MATTHIAE 1976 = P. MATTHIAE, *L'uomo e l'ambiente*, in S. MOSCATI, *L'alba della civiltà. Società, economia e pensiero nel Vicino Oriente Antico*, a cura di M. LIVERANI, F. M. FALES, C. ZACCAGNINI, I, Torino 1976, pp. 21-143.

MATTHIAE 1994 = P. MATTHIAE, *Il sovrano e l'opera. Arte e potere nella Mesopotamia antica*, Roma-Bari 1994.

MATTHIAE 2006 = P. MATTHIAE, *Prima lezione di archeologia orientale*, Roma-Bari 2006.

MENU 1995 = B. MENU, *Les problèmes institutionnels de L'eau en Égypte ancienne et dans l'Antiquité méditerranéenne*, Le Caire 1995 (*Bibliothèque d'Étude* 110).

MONTET 1954 = P. MONTET, *Byblos et les navires giblites*, in *Kêmi* 13, 1954, pp. 63-71.

NOTA SANTI–CIMINO 1999 = M. NOTA SANTI, M. G. CIMINO, *Museo Barracco*, Roma 1999.

PIACENTINI 2006 = P. PIACENTINI, *L'Egitto nel III Millennio a.C.*, in A. BARBERO (a cura di), *Storia d'Europa e del Mediterraneo*, I, Roma 2006.

Roccati 1990 = A. Roccati, *La conception rituelle du désert chez les anciens Egyptiens*, in *Le désert: Image et Réalité*, Gèneve 1990 (*Les Chaiers du CEPOA* 3), pp. 127-129.

Roccati 2000 = A. Roccati, *La scrittura dell'egiziano*, in M. Negri (a cura di), *Alfabeti. Preistoria e storia del linguaggio scritto*, Verona 2000, pp. 59-82.

Roccati 2002a = A. Roccati, *Elementi di lingua egizia*, Torino 2002.

Roccati 2002b = A. Roccati, *Considerazioni Introduttive*, in Roccati–Capriotti Vittozzi 2002, pp. 20-21.

Roccati 2002c = A. Roccati, *Il Deserto*, in Roccati–Capriotti Vittozzi 2002, pp. 140-141.

Roccati 2005 = A. Roccati, *Egittologia*, Roma 2005.

Roccati–Capriotti Vittozzi 2002 = A. Roccati, G. Capriotti Vittozzi (a cura di), *Tra le palme del piceno: Egitto, Terra del Nilo*, Catalogo della mostra (San Benedetto del Tronto, 14 luglio - 30 ottobre 2002), Poggibonsi 2002.

Ruf 1995 = T. Ruf, *Questions sur le droit et les institutions de l'eau dans l'Égypte ancienne*, in Menu 1995, pp. 281-293.

Russo 2002 = B. Russo, *Le immagini della realtà: i geroglifici*, in Roccati–Capriotti Vittozzi 2002, pp. 60-73.

Scandone Matthiae 1991 = G. Scandone Matthiae, *Hathor signora di Biblo e la Baalat Gebal*, in *Atti del II Congresso Internazionale di studi Fenici e Punici* (Roma, 9-14 novembre 1987), Roma 1991, 1, pp. 401-406.

Scandone Matthiae 1994 = G. Scandone Matthiae, *La cultura egiziana a Biblo attraverso le testimonianze materiali*, in E. Acquaro, F. Mazza, S. Ribichini, G. Scandone, P. Xella (a cura di), *Biblo, una città e la sua cultura*, Atti del Colloquio Internazionale (Roma, 5-7 dicembre 1990), Roma 1994, pp. 37-48.

Scandone Matthiae 1995a = G. Scandone Matthiae, *I frammenti di coppe egiziane dell'Antico Regno*, in *EgVicOr* 18, 1995, pp. 257-258.

Scandone Matthiae 1995b = G. Scandone Matthiae, *Ebla, la Siria e l'Egitto nel Bronzo Antico e Medio*, in P. Matthiae, F. Pinnock, G. Scandone Matthiae (a cura di), *Ebla. Alle origini della civiltà urbana. Trent'anni di scavi in Siria dell'Università di Roma "La Sapienza"*, Milano 1995, pp. 234-241, e schede di catalogo nn. 41-42, pp. 282-283.

Schenkel 1978 = W. Schenkel, *Die Bewässerungsrevolution im alten Ägypten*, Mainz 1978.

Sethe 1933 = K.H. Sethe, *Urkunden des Alten Reiches*, in G. Steindorff, *Urkunden des ägyptischen Altertums*, Vol. I., Sez. I, Leipzig 1933.

Sethe 1935-1962 = K.H. Sethe, *Übersetzung und Kommentar zu den altägyptischen Pyramidentexten*, I-VI, Hamburg 1935-1962.

Shiva 2003 = V. Shiva, *Le guerre dell'acqua*, Milano 2003.

Singer–Holmyard–William–Hall 1954 = Ch. Singer, E.J. Holmyard, T.I. William, A. Rupert Hall, *A History of Technology*, Vol.1. *From Earliest Times to the Fall of Ancient Empires*, Oxford 1954.

Smyth 1998 = F. Smyth, *Égypte-Canaan: quel commerce?*, in N. Grimal, B. Menu (éds.), *Le commerce en Égypte ancienne*, Le Caire 1998 (*Bibliothèque d'Étude* 121), pp. 5-18.

Sportellini 2005 = S. Sportellini, *L'acqua, essenza purificatrice e rigenerante: il vaso-Heset in alcune delle iconografie più ricorrenti*, in Amenta–Luiselli–Sordi 2005, pp. 337-344.

Tatomir 2005 = R.G. Tatomir, *Coincidentia Oppositorum et Conjunctio Oppositorum: the Mental Category of Water in the Ancient Egyptian Universe*, in Amenta–Luiselli–Sordi 2005, pp. 181-187.

Tosi 2004 = M. Tosi, *Dizionario enciclopedico delle divinità dell'Antico Egitto*, I, Torino 2004.

Tosi 2006 = M. Tosi, *Dizionario enciclopedico delle divinità dell'Antico Egitto*, II, Torino 2006.

Trigger 1968 = B.G. Trigger, *Beyond History: the Methods of Prehistory*, New York 1968.

Trigger 1976 = B.G. Trigger, *Nubia under the Pharaos*, London 1976.

Trigger 2000 = B.G. Trigger, *Le origini della civiltà egiziana*, in Trigger–O'Connor–Lloyd–Kemp 2000, pp. 60-61, p. 125.

Trigger–O'Connor–Lloyd–Kemp 2000 = B.G. Trigger, B.J. Kemp, D. O'Connor, A.B. Lloyd, *Storia sociale dell'Antico Egitto*, Roma 2000.

Valbelle 1990 = D. Valbelle, *Les Neuf Arcs. L'Égyptien et les étrangers de la prehistoire à la conquête d'Alexandre*, Paris 1990.

van den Brink–Levy 2002 = E.C. van den Brink, T. Levy (eds.), *Egypt and Levant: Interrelations from the 4th Through the Early 3rd Millennium BC*, London-New York 2002.

Vercoutter 1992 = J. Vercoutter, *L'Égypt et la Vallée du Nil, Vol.1: Des origines à la fin de l'Ancien Empire*, Paris 1992.

Vleeming 1998 = S.P. Vleeming, *Reviewed Work: Les Problèmes institutionnels de l'eau en Égypte ancienne et dans l'antiquité méditerranéenne by B. Menu*, in *Journal of the Economic and Social History of the Orient* 41/4, 1998, pp. 505-508.

Ward 1991 = W.A. Ward, *Early Contacts Between Egypt, Canaan and Sinai: Remarks on the Paper by Amnon Ben-Tor*, in *Bulletin of the American Schools of Oriental Research* 281, 1991, pp. 11-26.

Wilkinson 1998 = A. Wilkinson, *The Garden in Ancient Egypt*, London 1998.

Wilkinson 2000 = T.A.H. Wilkinson, *Royal Annals of Ancient Egypt, The Palermo Stone and Its Associated Fragments*, London-New York 2000.

Zingarelli 2005 = A.P. Zingarelli, *Some Considerations about the Water Offered (poured) by the Tree-Goddess at TT49*, in Amenta–Luiselli–Sordi 2005, pp. 381-388.

SIG$_4$. Il mattone.
Natura, tecniche e coscienze edili dell'antica Mesopotamia

di

*Marco Ramazzotti**

ABSTRACT

This paper explores some natural, technological and mythological elements of the mud and mudbrick architectures in the ancient Mesopotamia through the lens of the Near East Archaeology and Art History. Looking at the relevance of the modern Bio-architecture as a project for an eco-compatible human style life, the author aims to draw a portrait of some Mesopotamian concepts starting from the Sumerian and Akkadian building traditions and – at the same time – aims to emphasize the historical actuality of their deep cognitive habitus.

1. APOLOGIA DEL MATTONE

Le strutture in terra cruda sono principalmente collocate nelle regioni aride, o semi-aride del pianeta, quelle per intendersi dove è in atto un processo di desertificazione, ovvero quelle dove si tenta, in vario modo, di arrestarlo; ma in terra cruda si costruisce anche vicino a piccoli e grandi fiumi, in aree palustri e acquitrinose, su cime alte ed estesi altopiani, a ridosso delle colline e sopra i loro pianori (fig. 1). Sin dai primi anni Ottanta, lo stesso umanesimo della bioedilizia ritorna alla terra cruda e cotta come elemento naturale, accessibile, riciclabile (e non invasivo)[1] e i mattoni d'argilla, nei loro infiniti impasti, con le loro proprietà fisiche e chimiche sono riscoperti dalla scienza delle costruzioni come più adatti ad innalzare strutture flessibili, agili, e sismo-resistenti[2]; anche per queste ragioni il recupero, la conservazione, la manutenzione e la valorizzazione degli edifici in terra sono divenuti, sin dalla fine degli anni Sessanta, l'oggetto di un'interrotta e appassio-nata sfida della ricerca scientifica[3] che muove confronti interculturali[4]. E – sempre per l'insieme di queste e di molte altre ragioni – inizia la riscrittura umanistica della terra come materia della creazione, della modellazione e della costruzione; trattasi di una narrativa imprescindibile dallo scavo archeologico, dal confronto etnografico, dal restauro conservativo e dalla promozione socio-economica di quelle aree in cui sembra sia rimasta la sola terra a proteggere la storia dell'uomo[5]. Si ritiene, infatti, che i paesaggi di terra (cruda e cotta) possano esporre, insieme alle loro crepe, ai i loro solchi, alla loro aridità immanente anche i caratteri tecnologici e psicologici di un antico rapporto dell'uomo con la natura, spezzato dall'industrializzazione, incapsula-

Fig. 1 - Mani e terra cruda (Foto di C. Torroni).

to nelle rovine abbandonate e ormai desueto, per eccesso di modernismo e superstizione, al pubblico occidentale eurocentrico[6]. In Iraq, in Iran, in Turchia, in Siria e in Palestina ancor oggi, come in passato, il mattone di terra cruda è chiamato in diversi modi, ma è sempre un impasto di argilla e paglia integrato ad additivi naturali sgrassanti (quali il crine animale) e stabilizzanti (quali il tannino, le proteine e gli zuccheri)[7]. L'Archeometria descrive in quali proporzioni le singole parti dovrebbero mescolarsi perché si consolidino nelle forme[8], ma è la perizia della modellazione[9], insieme alle proprietà delle argille selezionate[10], che qualifica l'amalgama[11]. Il sole o il fuoco, ovvero l'essiccamento e la cottura, determineranno la tenuta, la compattezza, la resistenza del materiale[12]. Potrebbe essere vantata – e in letteratura lo è stata più volte – l'invenzione del mattone come l'apice di un'evoluzione tecnologica della vita sedentaria, ma è complesso isolare i primi moduli coagulati alla terra pressata delle murature neolitiche ed è stato osservato che almeno in Palestina e in Mesopotamia la *Terre Pisé* è da sempre complementare all'uso di mattoni[13]. D'altronde, la modellazione della terra offre soluzioni semplici e assai pratiche all'integrazione di parti architettoniche, alla realizzazione di tramezzi divisori, alla modanatura di pareti esterne, e risulta fondamentale per la decorazione degli arredi fissi all'interno di capanne, piccole e grandi abitazioni[14]. Comunque, insieme a questa indiscutibile coesistenza ed integrazione della terra pressata, del mattone e della modellazione architettonica in diversi contesti arcaici e moderni, deve essere sottolineata anche l'erronea associazione della comparsa del mattone modulare e delle economie pienamente sedentarie, dal momento che le prime attestazioni compaiono nei villaggi di Gerico in

Palestina e di Nemrik in Mesopotamia settentrionale, stazioni mobili del neolitico datate al IX millennio a.C.[15]. Infine, anche l'introduzione della cottura in forno come tecnologia più ergonomica e, in generale, sostitutiva dell'essiccamento non può essere precisata nello spazio e nel tempo; certo la cottura risponde meglio alla forte domanda industriale, ma i primi esemplari di mattoni cotti in forno provengono da contesti protostorici sottostanti il Tempio dei Mosaici in Pietra di Uruk (Warka), la 'prima città' della Mesopotamia meridionale, e furono messi in opera in un periodo nel quale è invece l'essiccamento la più comune procedura di solidificazione degli impasti, delle malte e dell'amalgama da costruzione[16].

2. IL CRUDO, IL *SEMI*-COTTO E IL PROFUMATO NELL'"AGIRE COSTRUTTIVO" MESOPOTAMICO

Non sono dunque l'esclusività di impiego di un solo materiale, né l'economia sedentaria o la comparsa del mattone cotto in forno i segni di un cambiamento radicale occorso nella progettazione architettonica sumerica e accadica, quanto l'azione sempre più concettuale del «pensiero costruttivo» mesopotamico, come un aspetto del pensiero creatore di miti[17] sull'ordine dell'Universo, sulle proprietà plastiche della Terra e sulla trasformazione di un sedimento, l'Argilla, in forme e figure sempre rinnovate (fig. 2)[18]. Dall'Iraq meridionale alla Siria settentrionale, la stagione migliore per la realizzazione di mattoni crudi è quella primaverile (maggio e giugno)[19]. I tempi dell'essiccamento dell'impasto di argilla e paglia, posto all'interno di stampi quadrangolari in legno, possono variare da un minimo di tre ad un massimo di sette giorni in rapporto alla temperatura e all'umidità ambientali[20]. La va-

riazione dei tempi della produzione, su grandi lotti di mattoni, è tutt'ora anche il pretesto di dispute che pongono a confronto il committente (ovvero le urgenze di cui ha bisogno il committente per fornire un determinato lavoro) con gli operai che detengono le conoscenze tecniche adatte a soddisfare la domanda[21]. Ma a questo sistema di carattere per così dire gestionale del rapporto tra richiesta e produzione, se ne sommano almeno altri due connessi al consumo: quello della messa in opera cosiddetta e quello del simbolismo mantenuto nell'azione costruttiva[22]. Queste attività mobilitano, ancor oggi, anche altre competenze: alcune – come quella dei mediatori – sono inusuali nel nostro modo di intendere il cantiere, altre – come quelle femminili – quasi assenti nel pur ricco lessico dell'edilizia occidentale. Il mattone crudo, d'altronde, è solo un modulo, ma la terra con la quale è costruito è anche – diluita e mescolata in percentuali diverse – la medesima con la quale sono intonacate le pareti, sono coperti i soffitti e i controsoffitti, vengono decorate le facciate esterne e interne. Nel Vicino oriente, ancor oggi in molti villaggi, tutte queste azioni non hanno propriamente un maschile e un femminile, non sono azioni di genere, né sono suddivisibili in base ai rapporti di produzione, ma riflettono un'intima e radicata connessione emotiva del lavoro sulla terra e del lavoro con la terra, connessione a cui partecipa la famiglia nel suo insieme. Non è facile comprendere l'estetica di quanto è stato progettato e costruito nel Vicino Oriente antico se non si distoglie l'attenzione dagli stili della nostra architettura moderna, industriale e seriale; ma per iniziare una qualsiasi esplorazione dei monumenti in terra cruda della Mesopotamia è necessario farlo. Inoltre, per liberare dall'eurocentrismo il nostro campo visivo e raccogliere alcune delle coscienze edili del Paese di

Fig. 2 - La stesura dell'intonaco protettivo su una facciata del Palazzo Reale G di Ebla (Foto di C. Torroni).

Sumer e di Accad, insieme ad una fuga ragionata da alcuni giudizi morali che i monoteismi ebraico e cristiano lanciarono contro la tracotanza e la perversione delle fabbriche della Babilonia e dell'Assiria[23] è opportuno anche relativizzare i valori di monumentale e classico che tanto dialogano con l'architettura moderna e contemporanea europea, evitando – se possibile – di evaporarli (e peggio sarebbe negarli)[24]. Nell'Antico Testamento, infatti, l'attività progettuale e costruttiva è l'officina delle abilità tecniche asservite alla glorificazione dell'unico Dio, e quando ci si avventura nella descrizione di opere sentite come straniere dalla monarchia israelitica, un severo giudizio morale, centrato sulla presunzione, sulla tracotanza e sulla perversione politeistiche è loro anteposto. Invece, le fabbriche monumentali mesopotamiche, sumeriche, accadiche, assire e babilonesi comunicarono al loro presente l'essere *mirabilia* proprio in quanto spazi multisensoriali, metafisici, destinati ad ospitare la comunità degli uomini e quella degli dei; lo stupore che avrebbero suscitato sarebbe emerso non solo dalla loro apparenza, ma dalla corale esegesi di arcaici canoni, o meglio dal venerando rispetto di quello che noi potremmo considerare un remoto codice dell'architettura di Sumer. Nei miti sumerici e accadici, nelle traduzioni e nelle letterature postume della Babilonia del II e del I millennio a.C., i templi vennero, infatti, sempre considerati come le case degli dei, opere realizzate da gesti unici, senza tempo, non solo *figurae* divine e antropomorfe, ma realizzazioni degli stessi dei per tramite della regalità. I loro elementi imprescindibili sarebbero rimasti per migliaia di anni i mattoni, e questi avrebbero recato e irradiato un'allusione alla vita civica nei contesti urbani[25], alla maternità nei riti propiziatori[26], alla nascita nell'epica letteraria[27], alla fondazione nell'emerologia[28]. Nella coscienza prognostica sumerica e accadica, d'altronde, non era percepita alcuna differenza tra il crudo e il cotto della materia costruttiva[29], quanto – piuttosto – la ferma convinzione che proprio il mattone fosse una sorta di incarnazione del dio Kulla, deità animata, vivente, pre-esistente sia alla casa, che al tempio e al palazzo[30]. Per questa ragione, in letteratura, le architetture più sacre "ripetevano l'eco di mille voci e le loro mura di canne muggivano come buoi"; il sovrano, interprete di questo segreto – che forse potrebbe risalire alla stupefacente costruzione del Palazzo di Enki ad Eridu (la prima sede della regalità magnificata nel *Poema di Enki e Eridu*) – presiedeva alla loro progettazione[31] e – come confermato in seguito[32] – ne diventava l'artefice[33] per seguire poi direttamente la grande opera, o ricercarne disperatamente i buoni auspici[34]. Da questa deificazione della materia prima, dall'identificazione del tempio con la divinità e dall'esclusivo rapporto tra il dio e il sovrano come unico interprete del "segreto" emerge una vera e propria mistica di templi e di palazzi: il loro sguardo, il loro ascolto, il loro suono emettono luce, incutono terrore, provocano la gioia e il pianto quasi fossero persone[35]. Questa deificazione del mattone, questa inscindibile coesistenza della forma del tempio e del carattere del dio insieme a questa esclusività dell'interpretazione regale destineranno i Templi ad essere i custodi dei destini umani (*ME*)[36] e i Palazzi le residenze amministrative e politiche dei regnanti (le grandi case della regalità). All'uomo comune, nel Paese di Sumer e di Accad, non resterà altro che onorarli, difenderli e piangerli quando nulla potrà dinanzi alla loro distruzione, al sacerdozio spetterà di normalizzare e propagare gli inni della loro vicenda[37], la viceversa propaganda politica regale simulerà il loro restauro quando vorrà affermare il suo dominio[38]. L'attività costruttiva, a questo punto, non doveva risultare più come un'attività alienata per la quale venivano mobilitati, come oggi avviene (e come di norma nell'edilizia Europea sin dal Rinascimento), gli specialisti dei vari settori, quanto piuttosto un lavoro circuitale, corale, rituale e liturgico a cui partecipava l'intera comunità. È questo quanto emerge da alcuni documenti amministrativi dell'ancor poco compreso archivio della seconda metà del III millennio a. C. di *Enlilemaba* a Nippur, la città santa del dio Enlil nel Sud della Mesopotamia, dove la tassa speciale di *corvée* che l'abitante avrebbe dovuto versare regolarmente al Tempio, sembra riconducibile al lavoro di trasporto o messa in opera dei mattoni[39]. La medesima formula, infatti, appare anche nella "Tavola delle Costanti"[40] e qualora fosse corretta l'intuizione secondo cui il cesto portato dal sovrano Ur-Nanshe in una celebre placca votiva proveniente da Lagash imiterebbe non tanto un singolare contenitore in pietra[41] o la forma di particolari mattoni[42], quanto la capacità dei cesti destinati a tale prestazione[43], avremmo conferma di quale impegno estetico-simbolico, già nella seconda metà del III millennio a.C., la regalità immetteva nel suo apparato celebrativo[44]. Come si è detto, questa menzione ricorre occasionalmente anche in altri documenti e sembra ragionevole considerare che ricadesse come un obbligo ufficiale del capo-famiglia, anche se è probabile che tutti gli altri membri dovessero un loro contributo e che la composizione dell'impasto fosse come sovraordinata da un operaio specializzato[45]. In ogni caso, un simile impegno era considerato come un dovere se, come noto dall'*Enuma Eliš* (il Poema della Creazione), saranno poi gli Annunaki a fabbricare, per un anno, mattoni al fine di innalzare il Nuovo Apsû dedicato a Mardukh, l'*Esaghila* dimora della triade Anu, Enlil ed Ea. Non abbiamo indicazioni sufficienti, invece, per ricostruire la definizione legale di questa tassa, ma che dietro tale prestazione vi fosse la condivisione di un ruolo sociale assolto dall'argilla come sostanza della terra, dal mattone come sacro elemento della vita civica e religiosa, dal re-operaio in qualità di progettista è documentato, più tardi, dalla menzione di preziose essenze che venivano mescolate all'impasto. Nel *Cilindro A* di Gudea l'*Ensi*, il

pio sovrano di Lagash, si ricordano "l'olio di cedro e il miele"[46] che certo avrebbero funzionato come prodotto di decomposizione adeguato a stabilizzare l'amalgama, ma che avrebbero implicato un costo più alto della lavorazione e una maggiore complessità della produzione. Naturalmente, tutto questo non implica che i sumeri e poi gli accadi avessero difficoltà nel riconoscere le proprietà dei materiali costruttivi, o ricorressero a strane alchimie per rincorrere strutture grandi e monumentali; la loro architettura si era risolta tremila anni prima di quella riferita nell'Antico Testamento, oltre quattromila anni prima dell'universo edile vitruviano. L'agire costruttivo mesopotamico, in quel tempo così lontano, si era avvalso di un'essenza deificata, plasmata e modellata con l'argilla in un modulo geometrico riproducibile all'infinito: il mattone. Innalzare i templi e i palazzi avrebbe coinvolto gli abitanti in un'azione regolamentata, rituale che avrebbe garantito il mantenimento di un buon governo, o mostrato l'opportunità di sostituirlo con uno migliore[47]. Ma soprattutto avrebbe consegnato agli dei il profondo ringraziamento dell'uomo per aver ricevuto un bene inesauribile e accessibile a tutti: la terra[48].

3. IL FONDARE, IL NASCONDERE E IL SIMULARE NELL'"AGIRE COSTRUTTIVO" MESOPOTAMICO

Agli occhi di un'architettura rappresentazionalista, delle meta-architetture e delle esibizioni sceniche della nostra contemporaneità può apparire singolare l'insistenza letteraria mesopotamica sul concetto stesso, teorico e pratico, di quanto è più nascosto: la fondazione[49]. Nel mondo di Sumer e di Accad, e poi in tutta la storia dell'urbanistica vicino orientale antica con rare eccezioni, fondare il perimetro di una

città venne considerato alla stregua di un gesto eroico, leggendario capace di costruire una vera e propria epica del costruire e del distruggere[50]. Allo stesso modo, proprio nel sud della Mesopotamia, scavare il solco di fondazione di un edificio, adagiarvi statue o figurine apotropaiche[51] e collocarvi il mattone di fondazione avrebbe istituito una relazione fisica tra il mondo dei vivi e quello delle origini, della nascita, della creazione; una particolare conversazione tra l'*Apsû* (l'Oceano Primordiale) e la terra degli uomini, degli animali e delle piante che nella cosmogonia ufficiale era ritenuta come una sorta di zattera galleggiante[52]. Questa specifica conversazione solo in alcuni casi è stata precisata nelle fonti[53], ma possiamo ritenere che fosse anche una delle ragioni per cui vennero innalzati i grandi santuari nelle città di Eridu ed Ur, prossime alla testa del Golfo Persico, forse la riva più vicina dell'*Apsû* nella locale percezione dello spazio terraqueo. Eppure, tale conversazione non si sarebbe avvalsa solo della vicinanza fisica alle acque del Mar Inferiore, ma sembrerebbe essere confermata anche dalla particolarissima posizione topografica del «Tempio della Roccia» ad Ebla, nella Siria settentrionale, fondato direttamente nella roccia di una probabile falda acquifera sotterranea (fig. 3)[54]. Dunque, in tutta la Mesopotamia da Sud a Nord era sempre sottesa l'intima relazione tra il progetto esecutivo, le sue fondamenta e l'Oceano Primordiale su cui galleggiava la terra[55], ed è forse per questa specifica connessione che la sacralizzazione delle fondazioni con la sabbia[56] e il seppellimento di depositi votivi sotto le case, i templi e i palazzi rimasero le più iterate operazioni inaugurali e prognostiche. In molti casi, la membrana interposta tra le fondamenta purificate e l'alzato dei templi era qualcosa di simile a delle sostruzioni (il *Kisu*), sem-

Fig. 3 - Il Tempio della Roccia ad Ebla (Archivio Fotografico della Missione Archeologica Italiana in Siria della Sapienza).

pre nascosto all'osservatore, ma particolarmente rilevante nell'ideologia della costruzione[57]. Infatti, anche se nessun caso archeologico può – purtroppo – essere associato a quel fiume di lapislazzuli che nei miti inonda, insieme ad altri preziosissimi minerali, il basamento dei più venerandi edifici di Sumer e di Accad[58], sia il primo riempimento del Tempio Dipinto di Tell Uqair[59] che alcune strutture in prossimità della Ziqqurat di Eridu[60], insieme allo *Steingebäude* sotto la Ziqqurat di Anu ad Uruk ed altri rilevanti edifici del nord (Gubba, Meiereijib e Muqqayr) erano poggiati direttamente su mattoni di gesso, materiale difficile da reperire e da lavorare[61], oltre che assolutamente inusuale nell'edilizia[62]. Infine, l'alzato delle murature era elevato sopra le fondamenta nascoste e preziose (o ideologicamente impreziosite dal *Kisu*) e – come abbiamo osservato – i suoi mattoni

potevano incorporare essenze, diffondere profumi ed emettere suoni, quasi fossero per l'appunto le parti di un organismo vivente. D'altro canto, una cura particolare era destinata alla realizzazione del corpo murario, tanto che le tecniche di allettamento di questi mattoni divennero così famigliari alla ricerca archeologica vicino orientale che, tuttora, è quasi impossibile confondere le tessiture in *Riemchen*, il piccolo mattone quadrangolare delle murature protostoriche[63], da quelle erette nel Protodinastico con i mattoni piano-convessi, la cui particolare forma dipende dal fatto che l'argilla in eccesso dello stampo non veniva asportata[64]. Ma la continua tentazione di analizzare l'edilizia mesopotamica fuori dalla sua specifica dimensione mitopoietica, e invece come un preludio tecnologico alle poderose strutture in opera greche, romane ed ellenistiche, fu anche alla base di un

resistente pregiudizio storiografico: quello che ritenne le logiche dell'allettamento del mattone crudo come una sorta di mutazione della più antica tecnica di allettamento delle pietre[65]. Il paradosso certo abusava di quella stretta associazione tra tecnologia e ambiente tramite la quale si intese individuare le differenze delle popolazioni e collocare il loro stato nella scala evolutiva[66], ma – allo stesso tempo – rilevava anche un *habitus* psicologico dell'archeologia orientale come disciplina talora subordinata a rincorrere la genesi dell'edilizia classica, piuttosto che qualificare la statica, la funzione e il simbolismo dell'architettura orientale in terra. Il corpo delle murature in crudo è, infatti, una vera e propria carta geografica, pluristratificata, nella quale più moduli formali e metodi di messa in opera si sommano, si escludono o si integrano a seconda delle circostanze (statiche, logistiche, estetiche e simboliche). Un caso tra i molti che potrebbero essere ricordati, uno dei più enigmatici ma esemplari è quello delle murature dell'ala nord-orientale del *Palazzo Occidentale* di Ebla (degli inizi del II millennio a.C.); qui, i tramezzi divisori erano stati innalzati con mattoni di due diverse argille allettati in modo da segnare perfetti disegni geometrici di colore rosso intenso e giallo ocra che potrebbero aver assolto anche ad una funzione statica, ma che allo stesso tempo simulavano una stupefacente trama decorativa interna e qualificavano la diversità strutturale di un'intera ala (quella nord-orientale) del palazzo[67]. Non è ancora dato comprendere la ragione prevalente di questa pezzatura, se statica, estetica o simbolica; ma è proprio questo limite che esprime al meglio la polisemia di molte antiche murature in terra cruda della Mesopotamia e della Siria. Queste rivelano la precisione del progetto architettonico; la professionalità delle maestranze locali; l'attenzione capziosa rivolta alla decorazione di particolari interni e, probabilmente, il rispetto delle murature come soggetti animati, quasi disegnati dall'uomo per rivelarne e comunicarne qualcosa di più che un loro aspetto esteriore[68].

4. TECNICA E METRICA NELL'"AGIRE COSTRUTTIVO" MESOPOTAMICO

Quello che rimane, il tratto qualificante (o riconoscibile) del paesaggio costruttivo mesopotamico è oggi, per le ragioni a cui abbiamo accennato, non solo la forma dei mattoni e la trama delle tessiture murarie, quanto il loro aspetto esterno e/o la loro possibile funzione decorativa. Così, ad esempio, nel Paese di Sumer e di Accad, è stato sottolineato, recentemente, il doppio ruolo strutturale e simboli-

co della più antica articolazione delle superfici. I cosiddetti aggetti e rientranze, impropriamente definiti come "nicchie e lesene"[69], possono essere riconosciuti dal periodo di Ubaid al Protodinastico IIIb (dalla fine del IV millennio alla seconda metà del III millennio a.C.), e quasi scompaiono in età accadica per essere poi "restaurati" in quella Neosumerica, nella prima metà del II millennio a.C. Agli inizi della documentazione disponibile, nei siti di Tell es-Sawan, Choga Mami e Songor esiste una chiara corrispondenza tra la collocazione degli aggetti esterni e il posizionamento di rinforzi interni alle strutture, sicché è possibile immaginare una forte dipendenza dell'aspetto esterno di quegli ambienti dalle tecniche di innalzamento delle murature. Ma, durante il periodo di Ubaid, come riconoscibile nella sequenza dei livelli di Eridu, tale ordine di simmetria scompare a favore di un più marcato uso decorativo della modulazione superficiale e, a cominciare dal Tempio più antico di Uruk, il Tempio I, sino alla distesa di edifici sacri dell'E-anna (la Casa del Cielo) nella fase III, sembra essere stata questa la misura scenica adottata per modulare le facciate[70]. L'articolazione delle murature esterne, l'orientamento degli angoli, l'innesto di elementi architettonici sulle cortine esigeva forme sagomate che funzionassero sia come elementi funzionali che decorativi. Così, nel periodo Protodinastico sono documentati mattoni sagomati ad L per una regolare impostazione degli angoli[71] e, poco dopo, all'interno di molte murature di età accadica, erano inseriti mezzi e quarti di mattoni crudi quadrati con l'intento di alleggerire il peso degli alzati[72]. Insieme a questo ruolo strutturale, la modanatura, tuttavia, era necessaria anche per distaccare parti semi-aggettanti dalle facciate e dai prospetti; mezze colonne o colonne intere venivano

così realizzate attraverso l'uso di speciali tagli del modulo originario che sviluppavano forme trapezoidali o lievemente arcuate, forse destinate anche ad accogliere intarsi[73]. La realizzazione di questa modulazione avrebbe comportato complessi calcoli non solo per quanto attiene il posizionamento spaziale delle nicchie, quasi sempre speculari e in perfetto ordine di simmetria (anche quando l'estensione dell'edificio era molto ampia e la subarticolazione interna della pianta assai complessa), ma anche per la collocazione dei rinforzi che, necessariamente, pretendeva una decisa sagomatura del mattone e un'assai articolata disposizione delle partizioni murarie[74]. Allo stesso modo, e sin dal periodo di Uruk[75], il mattone cotto veniva impermeabilizzato con l'asfalto per proteggere le pareti esposte e le corti aperte, oppure veniva rivestito con strati di bitume quando era messo in opera nelle murature a contatto diretto con l'acqua, come quelle di sbarramento delle canalizzazioni[76]. In alcuni casi, questa impermeabilizzazione doveva risultare una vera e propria impresa di ingegneria idraulica; come il canale che Ur-inimgina re di Lagash ricorda di aver costruito e per il quale vennero posti in opera 432.000 mattoni cotti impermeabilizzati con 2.649 hl di bitume[77]. Le qualità discorsive, uditive, olfattive e tattili del mattone, insieme alla peculiare programmazione della sua esecuzione, alla complessità delle tecniche del suo allettamento e alle peculiarità delle materie impiegate per il suo rivestimento ne accreditano, come abbiamo osservato, un valore fisico e quasi metafisico (fig. 4). Questa duplice importanza esercitava un impatto diretto anche sulle misure e gli uomini; di recente, è stato infatti mostrato come le aree e i volumi del mattone fossero impiegati come unità metriche in un sistema di misura che venne mantenuto,

Fig. 4 - L'impronta di una tavoletta in cuneiforme sull'argilla di un piano pavimentale del Palazzo Reale G di Ebla (Archivio Fotografico della Missione Archeologica Italiana in Siria della Sapienza).

tradotto e aggiornato per un lunghissimo periodo. La cosiddetta *Tavola delle Costanti* è, infatti, proprio una sorta di breviario in appunti numerici, conservato e copiato per oltre tre millenni, che formalizzava: la previsione delle quantità di materia prima necessaria a realizzare un dato numero di mattoni; il rapporto delle diverse componenti (argilla, paglia, acqua) per l'equilibrio dei loro impasti; le stime delle razioni tra quantità di impasti realizzati e forza lavoro destinata alla modellazione; la divisione dei diversi repertori di forme in pile di grandezza variabile per un corretto stoccaggio[78]. Queste previsioni, questi rapporti e queste stime erano verosimilmente calcolati anche con il sistema di riferimento classico, quello sessagesimale, ma già nei testi matematici sumerici e nelle loro versioni antico-babilonesi, il cosiddetto *Brick šar* sembra aver costituito un'unità di misura metro-volumetrica[79]. Questa – che era naturalmente divisibile in frazioni interne – veniva impiegata per calcolare le superfici, i volumi e i pesi[80], ma anche le unità di spostamento della forza lavoro (come ad esempio quelle di

carico)[81], le razioni alimentari del consumo giornaliero (quali ad esempio quelle d'orzo)[82], le frazioni interne ad un valore commerciale quale il talento[83]. D'altronde, come evidente, alla base della realizzazione di mattoni in quanto unità metro-volumetriche, dotate di superfici, volumi e pesi frazionati vi era il progetto teorico e quello esecutivo che dovevano tenere presenti: la modellazione dell'impasto, i tempi di essiccamento, i costi del trasporto, le condizioni dello stoccaggio e le difficoltà logistiche[84]. Senza addentrarci nello specifico dei problemi algebrici che questa serie di calcoli e previsioni comportava, e per i quali era quantomeno necessaria una vera e propria educazione alla matematica e alla geometria[85], è di un certo interesse constatare che questa medesima unità di misura veniva poi impiegata anche per il pagamento di alcuni servizi divenendo così un valore di scambio[86]. In un certo senso, ancor prima che il lavoro edile divenisse il profitto alienato e gestito dalle Grandi Organizzazioni (Templi, Palazzi e/o *Households*) della Babilonia, nella percezione dall'interno della cultura sumerica

e accadica, quel medesimo lavoro si rappresentava, si raccontava, si distribuiva – e così venne anche sempre ricordato (o alluso) – come una rispettosa azione umana sulla terra, della quale il mattone era effetto e simbolo al tempo stesso. Solo la diversa mescolanza 'umana' degli impasti avrebbe potuto contraffare la celeste perfezione del mattone, ma – in ogni caso – il cambiamento morfometrico sarebbe stato sempre inteso come la trasformazione di un principio divino e di un elemento universale scritto sulla terra con la fatica umana. Non dobbiamo immaginare, tuttavia, l'esistenza di un paesaggio integralmente centrato sulle architetture palatine e templari delle sole Grandi Amministrazioni; l'abitante comune delle paludi limose basso mesopotamiche si spostava verosimilmente in zattere di canne impermeabilizzate con il bitume, preparava fasci di canne e argilla pura per la costruzione delle sue dimore e viveva, con ogni verosimiglianza, anche nelle medesime capanne di fango e paglia che oggi chiamano *Mudhif* che presentano una straordinaria somiglianza con moltissimi edifici di canne scolpiti sui rilievi e sui sigilli dell'età di Uruk[87]. A queste tenere architetture, innalzate con grande maestria e con materiale povero, i sumeri ascrissero un ruolo centrale nella rappresentazione di miti e riti, dobbiamo dunque immaginare che non solo fossero molto diffuse, ma soprattutto che l'associazione tra grandezza e importanza, tra pesantezza e stabilità, tra fermezza e solidità non fossero riconosciute e accolte come relazioni vincolate ad una perfetta architettura (o quantomeno non lo fossero universalmente). In altri contesti, non rappresentati, emerge una certa discrasia tra l'esaltazione letteraria della loro potenza e l'esiguità dei dati archeologici. È il caso, già ricordato, del *Palazzo di Enki ad Eridu* che svetta sulla superficie dell'Apsû in tutto il suo splendore, che scintilla nel mito come fondazione pre-diluviana. Ma di Eridu e di quel Palazzo restano oggi alla critica archeologica solo i brandelli elevati poco sopra gli spiccati delle fondazioni, difficili da interpretare e non attraverso il loro accurato inserimento in piante note, o formalizzate. Eridu, che ancor prima della fine del IV millennio a.C. lambiva le coste del Golfo Persico, era in una posizione ideale, quasi al confine terreno con l'Oceano Primordiale i cui flutti, forse, vennero assimilati all'estendersi e dilatarsi dell'alta marea del Golfo Persico[88]. D'altronde, in quella regione, tra le canne immerse nelle sabbie limose, continuamente irrigate per l'azione imprevista della natura, o per quella annunciata dagli auspici divini, dovevano certo troneggiare Templi e Palazzi, capaci di controllare movimenti, produzioni e riti, ma anche piccole o grandi *maquft* costruite con canne, argilla e bitume. Ed è forse questo il paesaggio nel quale si sarebbe rivelato l'universo sumerico, o come diremmo oggi – lasciandoci anche alle spalle ogni mito – la fondazione del primo urbanesimo vicino orientale[89].

5. IDEOGRAFIA ED ESTETICA DELL'"AGIRE COSTRUTTIVO" MESOPOTAMICO

La modellazione, la giunzione, l'incastro e la modanatura sono i centri di forza interni ad ogni struttura in terra e ne qualificano sia la tecnologia che l'aspetto. Infatti, queste tecniche dell'argilla (materia della creazione e della costruzione) si integrano in modi diversi, si contaminano vicendevolmente, e costruiscono un linguaggio non verbale, plastico e figurativo, che – come abbiamo osservato – nel Vicino Oriente antico venne declinato in molti modi. Se perseguiamo questa

linea interpretativa, nell'antica Mesopotamia possiamo rintracciare anche una peculiare ideografia delle costruzioni in terra che è fondata sulla preparazione degli intonaci, sul rivestimento delle superfici e sulla decorazione delle pareti; come altrove, anche nel Paese di Sumer e di Accad la preparazione, il rivestimento e la decorazione dei muri vennero concepiti come azioni costruttive universali, vere e proprie scritture dell'abitare preesistenti all'ideogramma e persistenti ben oltre il tempo dell'alfabeto[90]. L'intonaco sulle murature di case, magazzini, palazzi e templi è comunque, sempre, un impasto più leggero della malta impiegata per la messa in opera, e talora è apposto su una *preparazione* più grossolana che reca impresse alcune scanalature: segni regolarmente distribuiti, solcati con la pressione delle dita o con strumenti meccanici per ottenere una maggiore aderenza delle superfici. Quando la preparazione e gli intonaci sono tirati, il tutto si fonde alle superfici esterne e interne del muro e l'archeologia, in questo caso, incontra serie difficoltà per seguire visivamente le linee del distacco tra le varie parti, il loro andamento[91]. Tuttavia, aldilà delle reali difficoltà tecniche che si incontrano nel restituire l'alzato, il contorno e l'originaria decorazione delle superfici verticali, sin dal Neolitico è accertato che nelle abitazioni, nei magazzini e nei templi dei villaggi irakeni, iraniani e siriani, le intonacature delle pareti erano semplici spessori di argilla e tritume calcareo sovrapposti più volte nell'arco dell'anno per difendere la struttura dall'aggressione degli agenti atmosferici. Ma è nel Sud della Mesopotamia che per la prima volta – a partire dal IV millennio a. C. – queste stesse malte vengono decisamente ispessite per accogliere l'immersione di piccoli coni in argilla che decoreranno imponenti edifici. Ad Uruk, le pareti esterne in mosaico

di pietra nascoste dal recinto modulare dello *Steistifmosaiktemple* in Eanna V, i prospetti monumentali della *Rundpfeirhalle* in Eanna IVb e della *Pfeirhalle* di Eanna IVa sono esempi, ancor oggi tra i più suggestivi, di una peculiare articolazione prospettica che, tradotta nei movimenti chiaroscurali degli aggetti e dei rincassi modanati sulle superfici a vista, doveva far riconoscere gli edifici più importanti grazie alle geometrie disegnate da questi piccoli coni. Alcuni di questi semplici elementi erano immersi come aghi nella malta ancora fresca, ma la maggior parte possedeva la testa impermeabilizzata con il bitume per proteggere e colorare la superficie mosaicata[92], mentre altri ancora – di pochi secoli posteriori – recheranno intorno al corpo addirittura un'iscrizione dedicatoria[93]. Tuttavia, spesso, la consuetudine di collocare questi mosaici alla preistoria della più antica pittura su intonaco li ha confinati a rappresentare un singolare esperimento, quando invece è ben nota l'indipendente, radicata e stratificata conoscenza tecnico-progettuale che era necessaria per la loro realizzazione e, soprattutto, la loro forte permanenza sulle facciate monumentali mesopotamiche di ogni periodo[94]. Inoltre, come documentato dal rinvenimento di pittura geometrica e policroma (linee rosse e arancio sottolineate in nero) sul podio settentrionale del piccolo santuario di Tell Uqair databile al periodo di Jemdet Nasr (3100 – 2900 a.C.)[95] – pittura su intonaco gessoso che potrebbe replicare i medesimi iniziali disegni realizzati con i mosaici a cono di Uruk[96] – sembra ragionevole ipotizzare che le due tecniche fossero impiegate contemporaneamente. La loro differenza non indicherebbe dunque un progresso tecnologico (dal mosaico all'intonaco dipinto), né tantomeno alcun evolversi del senso estetico, quanto la coesistenza duratura di due tecniche che si ritenne complementari e adatte ad accogliere un medesimo, diffuso e condiviso patrimonio figurativo[97]. In linea di massima, la decorazione a *mosaico* fu prevalentemente una decorazione d'esterno, mentre la *pittura*, per ragioni conservative, venne usata negli interni[98]; nel Paese di Sumer e di Accad questa distinzione tra esterno ed interno non era però avvertita solo come una separazione tra spazio riservato e spazio aperto, poiché alcune pitture sono state trovate sulle facciate esposte di grandi edifici, mentre le pareti mosaicate erano collocate certamente anche all'interno di spazi chiusi. Inoltre, noi siamo abituati a concepire architetture ed espressioni decorative durature, e in alcuni casi si pretende che siano eterne, ma sia la modellazione delle superfici in argilla, sia la decorazione a mosaico che le pitture su intonaco erano intese (con ogni verosimiglianza) come *opere continue*. La loro forza, la loro resistenza e il loro aspetto non erano dati solo dalla robustezza del materiale, dalla precisione dell'intonacatura e dalla calligrafia del disegno, ma soprattutto dal continuo lavoro umano sull'opera, lavoro artigianale o artistico che in ogni momento poteva essere richiamato per concludere, riprendere, sistemare, proteggere, semplificare e/o arricchire un dato prospetto, scena o decorazione. Nonostante questo dinamismo delle murature, il loro aspetto esteriore, in ogni caso, avrebbe comunque irraggiato una particolare aurea di splendore (*melam*), avrebbe suscitato emozioni e provocato sentimenti, a tal punto che vennero lamentate e piante le loro distruzioni e certo non sfuggiva (come è stato osservato) la loro altezza, la loro profondità, la loro oscurità e la loro radianza[99]. Per accedere a questo livello d'indagine, tuttavia, dobbiamo tenere presente anche i motivi delle decorazioni stesse del mosaico e della pittura: questi furono inizial-

mente motivi geometrici sostituiti lentamente da espressioni figurative, ma – in un tempo intermedio (e ripetibile) – molte forme geometriche elementari vennero adattate per esprimere una narrativa, altre servirono da cornice alla conservazione di statue e immagini cultuali, e infine molte vennero riprodotte e quasi citate come simboli linguistici. Ad oggi, tra i rari esempi del passaggio dalla comune decorazione geometrica del disegno protostorico[100] alla scrittura geometrica di soggetti antropomorfi e di eventi rituali vi è quello documentato dalle pitture policrome di Arslantepe (3200 a. C. ca); mentre, tra gli esempi più suggestivi di vere e proprie cornici multiple, modanate e dipinte per decorare una nicchia per la conservazione di immagini sacre vi è quello recentemente scoperto ad Ebla nell'Edificio FF2 (2350 a. C. ca)[101]. Se tuttavia storniamo il nostro sguardo dall'interpretazione funzionale delle geometrie antropomorfe e dalla contemplazione delle coerenze estetiche delle geometrie decorative è possibile approfondire brevemente anche il tema delicato di un'ideografia dei codici della comunicazione non verbale; ovvero il tema della persistenza di significati linguistici e simbolici soggiacenti ad alcune iconografie permanenti nel patrimonio figurativo mesopotamico. Tra queste, nel disegno della rosetta con petali rotondeggianti o lanceolati è stato individuato l'ideogramma, formalizzato in un segno cuneiforme dal valore duale[102], che assolse un ruolo decisivo nel precisare il segno DINGIR sia come stella del cielo che come attributo della dea Inanna[103]. Ma in altri casi è stata anche osservata una più diretta coincidenza tra l'ideogramma sumerico e l'iconografia arcaica come quella tracciabile confrontando alcuni segni protocuneiformi di Uruk III con il fascio di canne e la spiga incisi e ripetuti in teorie nella glittica e nel rilievo della fine del

Millennio a. C. In questo modo non solo è possibile recuperare dietro alcune specifiche iconografie la loro radice linguistica, ma è stato sottolineato anche come in alcuni casi questo rapporto tra lingua, scrittura e rappresentazione ideografica abbia istituito una tecnologia del controllo sociale basata su veri e propri sistemi semiotici semiautonomi[104].

L'argilla della creazione, i mattoni divinizzati, le fondamenta nascoste, la personificazione interna delle murature e la comunicazione affidata alle loro facciate ci possono restituire alcuni aspetti della natura, della tecnica e delle coscienze edili dell'antica Mesopotamia (fig. 5). Nel Paese di Sumer e di Accad possiamo individuare anche un'ideografia e un'estetica dell'agire costruttivo che sono, sempre, veicolate da una serie di azioni pragmatiche e concettuali, molto diverse da quelle che caratterizzano e impegnano l'architettura moderna, contemporanea ed europea. Sumeri, Accadi, Eblaiti e successivamente Babilonesi e Assiri considerarono l'edificare un atto rituale voluto dagli dei, e gli edifici che maggiormente identificavano l'intera comunità, i Palazzi e i Templi, erano percepiti come esseri viventi e sensibili; l'esterno di questi spazi non era semplicemente decorato, ma attraverso le articolazioni delle pareti proiettava in terra gli effetti chiaroscurali, mentre con i mosaici e le pitture, l'esterno e l'interno delle architetture, venivano sintetizzati i soggetti naturali in segni geometrici, si flettevano i segni geometrici in teorie di fregi decorativi e si trasformavano alcuni ideogrammi per in figure simboliche. Queste sintesi e queste trasformazioni potevano avere un valore decorativo, ma soprattutto raccontavano eventi religiosi e/o mitologici o erano la cornice che conservava piccole statue cultuali. Contrariamente ad una

Fig. 5 - La parete in mattoni crudi di una casa antica di Damasco (Foto di M. Ramazzotti).

conquista del naturalismo, che certo fu e sarebbe tuttora la manifestazione più gradita al nostro gusto, nell'antica Mesopotamia, nel Paese di Sumer e di Accad fu la manipolazione dell'argilla, l'integrazione di moduli crudi e cotti, l'aggregazione polimaterica, la sintesi geometrica di forme complesse, la ripetizione di serie continue e – inoltre – l'impiego figurativo dell'ideogramma che rinnovarono le diverse realtà estetiche di ogni periodo. Queste realtà estetiche e percettive non emergono dunque da un'idea astratta dell'ambiente e della natura, ma direttamente dalla terra e dal rapporto organico dell'uomo con l'argilla materia come materia della creazione. Questo rapporto intimo, che sarà reciso solo con la comparsa del cemento e dell'acciaio, esprime un modo profondamente distante da quello nostro (industriale e atomico) di sentire l'agire costruttivo e le sue immagini; nelle loro visioni Sumeri, Accadi, Eblaiti (poi Assiri e Babilonesi) sembrano aver scomposto, come in un caleidoscopio, segni, motivi, modelli e sequenze quasi fossero i granelli di un antico codice; così, di volta in volta, per millenni, ne hanno restituito una specifica coerenza interna, ideologica, politica e simbolica. Questa loro ricerca della terra, sulla terra e con la terra, che non avrebbe mai potuto contrapporsi alla forza della natura, che non avrebbe mai teso verso la mimesi della natura, e che mai avrebbe preteso di sottrarre ad un solo prediletto materiale naturale il bello universale, conserva oggi una sua forte originalità. La terra tra i due fiumi ci restituisce *ex oriente* la eco di edifici parlanti, le lacrime dell'uomo per i loro destini, l'utopico calcolo delle loro forme celesti, e inoltre la fragilità della loro essenza materica, fatta solo di argille, canne e bitume con la fatica, le lacrime e il sangue umani. È proprio questa fragilità il *segno* atemporale della loro straordinaria forza espressiva: anche se gli edifici in terra si sfaldano con il passare degli anni, dei secoli e dei millenni, le tracce e i granelli che ne rimangono possono ancora ricordare agli uomini di oggi l'emozione di essere una parte minima, ma integrante dell'ordine dell'universo.

* marco.ramazzotti@uniroma1.it

NOTE

[1] EATON 1981; GALDIERI 1982; DOAT et al. 1983; HOUBEN–GUILLAUD 1989; HOUBEN–GUILLAUD 1994; NORTON 2003.

[2] GILLOT 1969; DELCROIX 1972; ALJUNDI 1984; DETHIER 1986; FRENCH 1987; BENDAKIR 1999; DI PASQUALE 2003; BENDAKIR 2008.

[3] LEVEY 1956, pp. 149-156; HOWARD–PAGLIERO 1966, pp. 65-76; TORRACA–CHIARI–GULLINI 1972, pp. 259-281; BUTTERBAUGH–PIGGOTT 1980, pp. 19-28; LEWIS 1980, pp. 109-118; LEWIN–SCHWARTZBAUM 1983, pp. 71-81; STEVENS 1983, pp. 135-146; 1985; CHIARI 1990, pp. 217-227; BENDAKIR–VITOUX 1993, pp. 317-323; MARGUERON 1993, pp. 299-303; LIÉGEY 1997, pp. 181-192; MAZAR 1999, pp. 103-108.

[4] Vedi in particolare i contributi dei 10 convegni internazionali tenutisi dal 1972 al 2008 in varie città del mondo (Yazd, Lima, Roma, Beijing, Las Cruces, Silves, Torquay, Bamako) sul tema della conservazione, del restauro e della valorizzazione di siti e di strutture architettoniche in terra cruda e cotta.

[5] Sul dialogo tra etnologia e archeologia vedi: BALFET 1980, pp. 71-94. Per questa 'riscrittura umanistica' della terra come materia della creazione è in uscita un volume (a cura di M. RAMAZZOTTI e G. GRECO) dal titolo Argilla. Storie di terra cruda. Questi atti raccolgono i contributi di archeologi, storici, storici dell'arte, filologi, antropologi e psicologi che hanno focalizzato la loro attenzione sull'argilla come materia della creazione, della modellazione, della costruzione della scrittura e della percezione.

[6] Per quanto riguarda i parchi archeologici di terra cruda, cotta e in adobe la letteratura è notoriamente vastissima; nello specifico delle attività connesse alla ricerca, alla creazione, alla valorizzazione e alla promozione di questi patrimoni culturali del Vicino Oriente antico si vedano tra i molti: STEVENS 1983, pp. 135-146; WINTER 1997, pp. 128-146; LEBEAU–SULEIMAN 2007; RAMAZZOTTI 2008a, pp. 191-205; RAMAZZOTTI 2008b, pp. 15-23; RAMAZZOTTI 2010a, pp. 581-593.

[7] Il mattone è definito in sumerico: SIG$_4$, in Emesal: Še-eb, in accadico: Libittu. EDZARD 1987, p. 18. Il termine è dunque presente sia nelle lingue letterarie del mondo mesopotamico, il sumerico e l'accadico, sia in quelle che, come l'Emesal, potrebbero essere ricondotte a particolari dialetti.

[8] Si vedano: LIEGEY 1997, pp. 181-192; SAUVAGE 1998, pp. 19-20, Tav. 1, 2 e l'ampia bibliografia riportata alla nota 3.

[9] Le tecniche per amalgamare variano a seconda della compattezza e della coesione della materia prima, normalmente all'impasto si aggiunge una percentuale d'acqua o di sabbia. HOUBEN–GUILLAUD 1989, pp. 178-212.

[10] Si ricorda il caso di Kish, nella Mesopotamia centrale, dove i mattoni sono realizzati con argilla della pianura alluvionale e una percentuale di sabbia usata nell'impasto come sgrassante (MACKAY 1925, p. 10), ma anche quello di Tell ed-Der, l'antica Sippar, dove risulta evidente la tecnica di fondare le strutture architettoniche direttamente sui terreni antropici elevando le murature con mattoni di diversi impasti. Cfr. SAUVAGE 1998, p. 18.

[11] Alcuni testi provenienti da Kish offrono un'ampia gamma di prescrizioni a cui attenersi per la costruzione di mattoni Old Babylonian (Cfr. DOMBAZ–YOFFEE 1986, ff. 26), ma le caratteristiche della malta d'impasto sono ricordate anche in un celebre passo del Cilindro A di Gudea, l'Ensi di Lagash. Vedi JACOBSEN 1987, pp. 410-412; EDZARD 1987, pp. 13-24.

[12] È stato calcolato che la realizzazione di 100 mattoni richiede 60 Kg di paglia (1/8 di ettaro di orzo) e che la resistenza di quelli essiccati al sole decresce in funzione del decadimento della paglia. Cfr. OATES 1990, p. 390.

[13] AURENCHE 1993, pp. 71-85.

[14] Le prime attestazioni di Terre Pisé sono documentate nei siti di Jarmo e Yarim Tepe I in Mesopotamia settentrionale (Cfr. MUNCHAEV–MERPERT 1973, p. 6; vedi MUNCHAEV–MERPERT 1987, pp. 20-21), ma cominciano a diffondersi lentamente a partire dalla seconda metà del VII millennio a Choga Mami, Eridu e Tell es-Sawann dove si fa ampio uso di forme e impalcature lignee per elevare l'alzato delle murature. Cfr. MOOREY 1994, p. 304.

[15] Per quanto riguarda le strutture in terra cruda del neolitico preceramico di Gerico in Palestina vedi AURENCHE 1981, pp. 60-65 e AURENCHE 1993, pp. 71-95; sulla complessità stratigrafica delle interpretazioni di questi dei depositi e dei contesti archeologici di Gerico vedi RAMAZZOTTI 2000, pp. 89-119. Nemrik è un villaggio del neolitico preceramico posto a 55 Km a nordovest di Mossul con la sequenza stratigrafico-architettonica più antica della Mesopotamia settentrionale e conserva alcune abitazioni costruite con Tauf-Walls di 20 cm di spessore sui quali erano allettati particolari mattoni essiccati al sole; questi presentavano una forma lievemente bombata (cigar-shaped), misuravano 51 x 12 x 6 cm ed erano del tutto simili a quelli molto più tardi di Choga Mami e Oueili. Cfr. KOZLOWSKI–KEMPISTY 1990, p. 353, pl. I.

[16] Le prime tracce di mattoni cotti (Backed Bricks) provengono da un deposito sottostante il Tempio dei Coni di Pietra ad Uruk, vennero cotti in forno e prodotti in serie con un modulo piuttosto omogeneo (32 x 18 x 9 cm). Cfr. LENZEN 1959a, pp. 11-12. Inoltre, all'interno del Palazzo di Jemdet Nasr, è stata registrata l'esistenza di strutture innalzate mescolando ad alcuni mattoni cotti anche parti o frammenti quasi interi di mattoni crudi. Cfr. MACKAY 1931, p. 290.

[17] Nel presente lavoro, come "pensiero costruttivo" devono essere intese una serie di azioni cognitive, esplorative e sperimentali del «pensiero creatore di miti» (H. Frankfort) sumerico, accadico ed eblaita sulla fondazione, sulla costruzione e sulla decorazione di case, templi e palazzi.

[18] Il pensiero costruttivo mesopotamico modificò di continuo l'organizzazione del lavoro e gli stessi rapporti di produzione; ma la serie di azioni cognitive, esplorative e sperimentali che lo contraddistinguono si evolvono da diversi sistemi di regole culturali, politiche e simboliche: per questo possono essere recuperate estetiche distinte dell'architettura nel Paese di Sumer e di Accad. In questo saggio "l'agire costruttivo" deve essere inteso come una possibile espressione del pensiero costruttivo, complementare all'agire e al pensiero amministrativi. Per un primo tentativo di applicare la Teoria dell'Agire Comunicativo di Jürgen Habermas all'analisi dei dati archeologici dell'antica Mesopotamia vedi RAMAZZOTTI 2005, pp. 511-565.

[19] Mentre il periodo migliore per la loro messa in opera è considerato il bimestre successivo poiché l'aridità dei suoli, nei mesi di luglio e agosto, avrebbe facilitato lo scavo delle fondazioni. Cfr. MOOREY 1994, p. 304.

[20] Questo nella Siria settentrionale, ad Ebla, ma nel Nord della Mesopotamia Loud e Altman notarono che nel villaggio moderno di Khorsabad era sufficiente addirittura mezza giornata per l'essiccamento della materia prima. Cfr. MOOREY 1994, p. 306.

[21] Dal momento, dunque, che la realizzazione del mattone crudo impegna una struttura articolata di rapporti produttivi, questi rapporti e le diverse catene operative necessarie alla manifattura divengono i centri di una rete comunicativa la cui efficienza garantisce il mantenimento dei tempi e della qualità dei prodotti. Nel caso delle costruzioni in terra cruda non si può identificare una sola, stabile catena operativa (chaîne opératoire); le tecniche e i modi della produzione variano sensibilmente come mostra un confronto tra i dati riportati da Wulff, Aurenche e Sauvage. Vedi: WULFF 1966, pp. 109-110; AURENCHE 1981, p. 64; SAUVAGE 1998, pp. 20-23.

[22] Infatti, la costruzione è ancor oggi avvertita come un atto separato dalla creazione del mattone crudo tanto che, generalmente, i capo-mastri che seguono precise indicazioni costruttive non concordano quasi mai con gli operai che impastano la materia e, molto spesso, tutt'ora, oggetto di discussione tra gli 'abitanti della terra' è proprio una qualche, ricorrente, distonia tra le ambizioni del costruttore e la qualità del prodotto finito che dovrà impiegare. Oggi la mediazione è affidata ad un delegato, il coordinatore, che deve funzionare da paciere in dispute assai animose perché vengano mantenuti gli obiettivi, ma è possibile immaginare che le cose non fossero così diverse nel passato poiché l'atto della 'creazione' del mattone doveva esser percepito, con ogni verosimiglianza, come la scelta tecnica e progettuale del sovrano. Così ad esempio nel CAD (Chicago Assyrian Dictionary): «I (Assurbanipal) made bricks for the (Gula Temple on Babylon) out of cutting of aromatic plants, in a mould of ebony and "musukannu-woods". I had (them)

wield the hoes, and I saw to the correct laying of the foundation». Moorey 1994, p. 305.

[23] Su questo pregiudizio vedi Matthiae 1984, pp. 3-6.

[24] Per un'introduzione si veda: Ramazzotti 2005, pp. 511-565.

[25] SIG$_4$ può essere usato sia per definire un singolo edificio che una città (Lamentazione di Ur); inoltre è l'elemento augurale indispensabile per la buona riuscita della costruzione (Cilindro A di Gudea) e una sorta di imprescindibile "prima pietra". Edzard 1987, pp. 13-24.

[26] Come nel caso della dea-madre Dingirmah. Cfr. Maul 1994, p. 379, 382, linee 5, 21.

[27] Secondo il *Poema di Enki e l'Ordine del Mondo*, le dee-madri toccando il "mattone che da la vita" (insieme ad altri materiali) avrebbero intrapreso il loro destino di nutrici; inoltre – in accordo alla tradizione paleobabilonese dell' *Atrahasîs* – era costume che proprio un mattone (un particolare mattone) fosse collocato nella casa di colei che aveva partorito. Vedi Stol 2000, pp. 118-120.

[28] Secondo un'arcaica tradizione mesopotamica conservata nella mitogenesi della creazione, il giorno 26 di ogni mese è ricordato come il giorno adatto «all'allettamento del mattone di Ea». Cfr. Wiseman 1969, p. 179.

[29] Se dovessimo ripercorrere l'evoluzione dell'argilla in qualità di elemento costruttivo potrebbero soccorrerci le nozioni antinomiche del crudo e del cotto. Ma è un'illusione. Il mattone crudo impiegato nell'edilizia vicino orientale, dalla Siria alla Mesopotamia, è in molti casi un ibrido di entrambi. Il crudo viene necessariamente seccato al sole, diviene cotto solo quando un processo forte industriale interviene a soddisfare una domanda crescente; la domanda, poi, non è quasi mai una domanda, quanto la risposta tautologica di un'autorità che vuole sovraordinare i rapporti produttivi. I mattoni crudi essiccati sono dunque semi-cotti; quando la medesima materia è posta in serie nei forni, modalità, forme, usi del loro futuro impiego cambiano rapidamente, ma tecnicamente la loro messa in opera si avvale di più antiche conoscenze, talaltra le sostituisce, oppure – ed è il caso più comune – le integra. Questa liquida carata geografica dei cambiamenti non è però scritta nelle fonti; queste esprimono una visione che potremmo definire lirica dell'agire costruttivo, dove il mattone è solo una sintesi, in forma geometrica e modulare di fondazione e creazione, di natura e cultura. Una sorta di primo impasto, una prima disorganica mescolanza che ospita nella terra e con i terreni la vita civica sedentaria, nomade e seminomade.

[30] Kulla è la divinità sumerica e babilonese preposta alla creazione dei mattoni e alla tecnologia del costruire. Vedi Lambert 1987, pp. 203-204. Il dio-mattone *Kulla* e il divino-architetto *Mushdama* sono figli di Enki/Ea e sua moglie Damgalnunna / Damkina. Queste divinità sono certamente

collegate all'epica della creazione e vengono evocate spesso dal sovrano-costruttore per eccellenza Gudea di Lagash, il loro sostegno è ritenuto imprescindibile nel momento in cui si sarebbe decisa la pianta e la costruzione dell'edificio. Riguardo gli esorcismi e le evocazioni si veda: Ambos 2004, pp. 104-107, pp. 108-125.

[31] Vedi Matthiae 1984, pp. 127-162.

[32] Vedi Dolce 2000, pp. 365-395.

[33] È noto che nella celebre Stele di Ur-Namma di Ur, il sovrano compare nell'atto di celebrare una cerimonia riferibile alla costruzione di un tempio e viene rappresentato con strumenti che lo identificano come una sorta di architetto- muratore. Cfr. Moorey 1984, p. 303, fig. 9.

[34] È questo un *habitus* qualificante la regalità mesopotamica almeno sino alla tarda età neobabilonese. Cfr. Al-Rawi 1985, pp. 1-13; Clayden 1996, pp. 109-121.

[35] Questa personificazione costruisce una sua precisa espressione verbale e non verbale recentemente indagata all'interno del rapporto tra Arte e *Agency*. Cfr. Winter 2007b, pp. 42-69.

[36] Sul concetto sumerico dei *ME* come destini vedi: Castellino 1959, pp. 25-32; Farber–Flügge 1973; Katz 2003, p. 177. Recentemente è stato precisato che i *ME* sumerici possono connotare funzioni e oggetti concreti e nella maggior parte dei casi provengono dall'Apsû, l'Oceano Primordiale dal quale Inanna li avrebbe sottratti per portarli nella sua città di Uruk. Alster 2006, pp. 13-36.

[37] Celebre è la raccolta di inni in onore dei maggiori santuari mesopotamici che la tradizione attribuisce ad Enkheduanna, la sacerdotessa di Nanna (dio lunare), figlia di Sargon di Akkad vissuta intorno al 2300 a.C.

[38] Il restauro si compiva nella pratica registrata accuratamente dalle diverse cancellerie fino in età neobabilonese, come un atto di devozione e rispetto verso le antiche istituzioni fondate sulla regalità, ma era – allo stesso tempo – l'impegno conseguente il rituale di purificazione delle fondamenta e, talora, raggiungerle significava abbattere la struttura precedente per poi ricostruirne, integralmente, l'alzato. Il restauro fu dunque un'attività piuttosto equivoca, o equivocabile, riflesso si di una profonda attenzione del regnante al consolidamento del suo intimo legame con gli dei e con gli avi, ma anche potente strumento capace di dissimulare un controllo capillare e di attivare una perpetua sorveglianza sull'ordine pre-esistente. D'altronde, la tradizione letteraria sembra abbia fissato in una sorta di stereotipo questo circuito ponendo all'indice la tracotanza dei nuovi fondatori quali Sargon di Accad e Sargon II d'Assiria e glorificando, invece, l'opera dei successori, restauratori per eccellenza, Naram-Sin e Sennacherib, fortemente impegnati, invece, nella risistemazione dei maggiori edifici sacri da sempre presenti nel Paese di Sumer e di Accad. In età Neobabilonese saranno intraprese delle vere e proprie campagne archeologiche di recupero e restauro del passato. Winter 2000, pp. 1785-1798. In

alcuni casi si fa cenno alle piogge che, per intervento divino, hanno permesso di riscoprire e collocare le fondazioni della leggendaria capitale Accad, e Nabonedo sosterrà di averne addirittura restaurato (dopo aver demolito le mura del precedente) il prestigioso *Eulmash*, venerando Tempio della dea Ishtar. Frame 1991, pp. 21-50; Ramazzotti cds.a.

[39] Questa prestazione venne poi sostituita da una tassa, un *dusu* definito, in termini logografici (e proprio per questo meno allusivi) *Bricklayers' Basket*. Vedi Wilcke 2003, pp. 141-181.

[40] Nella formula "^{giš}dusu baskets". Cfr. Friberg 2000, p. 102.

[41] Come ipotizzato da Von Soden confrontando questo documento con l'oggetto portato da una statuetta in rame protodinastica. Cfr. von Soden 1977, pp. 107-109.

[42] È stato dimostrato che i mattoni piani (*Plane Bricks*) non vennero usati durante il Protodinastico. Cfr. Powell 1982, pp. 106-123.

[43] Cfr. Friberg 2000, p. 103.

[44] Ur-Nanshe comparirebbe infatti alla stregua di un operaio che presta il *dusu*, il che dimostrerebbe l'importanza etico-politica della tassa che, molto verosimilmente, venne stabilita dall'amministrazione centrale per la costruzione di importanti edifici.

[45] In accadico *Lābinu*. Cfr. von Soden 1994, p. 112.

[46] Ellis 1968, p. 30; Jacobsen 1987, pp. 410-412; Edzard 1987, pp. 19-20.

[47] Diverse sono le liturgie della Babilonia che descrivono la costruzione e la ricostruzione dei templi; in generale, tuttavia, queste operazioni avevano una fortissima connotazione politica: il *Kalû* (lamentatore) stabiliva che se le mura del tempio erano cadute in rovina sarebbe stato necessario demolirle completamente, per restaurarle poi sotto i buoni auspici e l'invocazione del dio Kulla. Bottéro 1985, pp. 291-293.

[48] Vedi, in particolare, Winter 1995, pp. 2569-2580; Winter 2002, pp. 3-28; Winter 2007, pp. 117-142.

[49] Il verbo *Ki-úš* è tradotto da Edzard letteralmente: "to bring close of the earth" e "[...] this founding, however, is reversed into its opposite, since the founding took place at the other end of the vertical, in heaven – and that is because the building towered so high upward". Edzard 1997, p. 14.

[50] Dolce 1994, pp. 131-164.

[51] Nei testi del III e del II mill. a.C. sono stati identificati molti tipi di figurine magiche realizzate in diversi materiali; quelle in argilla rappresentavano demoni che venivano distrutti in specifici rituali, oppure dei protettivi e benevoli connessi alla difesa della casa e del nucleo famigliare che invece venivano deposti nella casa. Vedi Braun Holzinger 1999, pp. 149-172.

[52] Ramazzotti 2009, pp. 54-59.

[53] Edzard sottolinea il termine *šà-kúš-ú* (conversazione) con l'Apsû nel Cilindro A di Gudea (XXII, 12-13) e ricorda che nello scavo delle fondazioni sovente doveva essere raggiunta la falda acquifera. Edzard 1997, pp. 13-24.

[54] La cella del cosiddetto Tempio della Roccia, datato al BAIVA, insiste su un banco di calcare che è stato individuato e collocato grazie ad una ricognizione geofisica. RAMAZZOTTI 2009b, pp. 12-15. All'interno di questo banco di calcare erano state tagliate diverse cavità; l'ipotesi recentemente avanzata da Matthiae è che queste possano individuare una relazione specifica tra il culto praticato all'interno dell'edificio e il dio Enki/Ea delle acque sotterranee. MATTHIAE 2007, pp. 481-525; MATTHIAE 2008, p. 36.

[55] È da notare che uno degli espedienti letterari attraverso i quali l'*Enuma Eliš* trasferirà una centralità assoluta al dio Marduk sarà proprio la costruzione dell'*Ešarra*, sede della triade Anu, Enlil ed Ea, la quale verrà disposta solo dopo che il Dio ha 'misurato' l'Apsû (Cfr. LAMBERT 1975, p. 64). La fondazione dei templi reali non è dunque avvertita diversamente dalla fondazione delle sedi celesti degli dei e in quell'atto, apparentemente irrazionale, della misurazione dell'assoluto (quale appunto è la misurazione dell'Oceano Primordiale), si può leggere il tentativo di figurare quell'approssimazione all'universale che è un tratto qualificante il pensiero creatore di miti sumerico.

[56] Recentemente è stata anche colta l'analogia nella tecnica di scavo e riempimento con sabbia delle fondazioni di molti edifici templari nord mesopotamici. SCHWARTZ 2000, pp. 163-182.

[57] Così recita l'iscrizione apposta su una statua di Ur-Bau (2155-2142 a.C.): «*He dug a foundation-pit(?) (to a depth) of x cubits; he heaped up the earth from it like stone and purified it with fire(?) like precious metal. As with a measuring-vessel he brought it to the broad place. He put the earth back and filled in the foundation with it. On it he built a kisu of ten cubits, and on the kisu he built 'The House of Fifty Gleaming Anzu Birds,' thirty cubits high*». ELLIS 1968, p. 169.

[58] Sul valore estetico del lapislazzuli in Mesopotamia vedi: WINTER 1999, pp. 45-58.

[59] Cfr. SCHMIDT 1979, p. 16, fig. 2, pl. XXI.

[60] Queste sono contemporanee ai livelli IV e III di Uruk ed erano integralmente edificate con piccoli *Riemchen* di *gypsum* delle misure standard di cm 45-42 x 10 x 10 o 22-10 x 10. Cfr. MOOREY 1994, p. 324.

[61] HUOT–MARECHAL 1985, pp. 261-275.

[62] Trattasi di un impasto di sabbia e gesso posto nella stessa forma dei *Riemchen*. La loro messa in opera doveva simulare l'effetto di un *terre pisé* piuttosto che quello di una cortina composita. SAUVAGE 1998, p. 20.

[63] Finkbeiner ha dimostrato che i *Riemchen* di cm 16 x 16² predominano nel livello IV di Warka dove vengono impiegati per le murature degli edifici insieme ai *Patzen* (80 x 40 x 14-16 o 40 x 20 x 8), mattoni crudi essiccati di grande spessore; questi, infatti, erano allettati nei punti di forza delle murature, nei terrazzamenti e nelle fortificazioni urbane. Vedi FINKBEINER 1986, pp. 18-20. Una particolare divergenza si nota nel Livello III di Eanna, dove è stato riconosciuto un modulo di *Ri-*

emchen rettangolari i cosiddetti *Reimchen-Nähe*. HEINRICH 1935, p. 10.

[64] I mattoni piano-convessi (*Plano-convex*) hanno una forma lievemente bombata e sono generalmente più larghi dei *Riemchen* (20/30 x 12/20 x 3/6). Il fatto che compaiono nel Protodinastico I e continuino ad essere impiegati sino al Protodinastico IIIb è un rilevante indice per la datazione delle strutture; tuttavia è stato notato che a Girsu, durante il periodo di Entemena, si ritorna al mattone di forma quadrangolare, mentre l'attestazione di mattoni piano-convessi è certamente presente nel periodo accadico. Cfr. SCHOLL–CAMPBELL 1990, pp. 91-94.

[65] Dopo un'analisi accurata, pionieristica e per molti versi ancora valida per quanto attiene lo studio tecnico delle murature in mattoni crudi del III millennio a.C., Delougaz, confrontando i dati degli *Archaic Levels* di Warka (1929-1930), ritenne che il limitato arco temporale nel quale erano collocabili i cosiddetti edifici costruiti con mattoni piano-convessi di Nippur, Fara, Bismaya, Kish 'Ubayd, Ur e Khafaja fosse da ricondurre all'importazione di tradizioni costruttive nella Mesopotamia dalle montagne orientali. Cfr. DELOUGAZ 1933, p. 37.

[66] Sovente nella ricerca archeologica l'associazione cultura – tecnologia è servita come pretesto ad avallare il paradigma etnico-razziale (RAMAZZOTTI 2010b, pp. 56-86). Per un'aggiornata rassegna storiografica delle interpretazioni fondate sull'applicazione del paradigma etnico-razziale alla comprensione delle culture del Vicino Oriente antico vedi: ROAF 2005, pp. 307-315; BAHRANI 2006, pp. 48-59.

[67] MATTHIAE 2002b, pp. 531-574.

[68] Una serie di analisi preliminari hanno mostrato che il diverso colore dei mattoni di questa trama dipende, in primo luogo, dalla selezione delle argille. Le prove di carico che verranno realizzate su alcuni dei campioni prelevati, mostreranno se questa differenza cromatica risponde a ragioni statiche; in ogni caso, la particolare messa in opera dei mattoni che disegna una geometria perfetta lascia ritenere che, almeno in una fase della sua vita, quest'ala dell'edificio non fosse stata intonacata come tutte le altre, e che dunque la pezzatura fosse stata lasciata scoperta come se dovesse – in un qualche modo – mostrare se stessa. RAMAZZOTTI cds.b.

[69] Secondo un'applicazione talora incosciente, ma certamente apodittica, della nomotetica alto-rinascimentale alle antiche strutture mesopotamiche che vengono troppo spesso inserite nel più vasto arco semantico del 'necessariamente *pre*-classico'.

[70] Sull'architettura dell'E-anna di Uruk vedi: LENZEN 1975, pp. 169-192. Per un'analisi puntuale di questa trasformazione si veda: SIEVERTSEIN 1999, pp. 7-20.

[71] Questa tipologia di mattoni è stata rinvenuta a Susa, Sinkara e Bismaya. Cfr. M. SAUVAGE 1998, pp. 35-40; per quanto concerne la messa in opera dei mattoni d'angolo

delle strutture architettoniche in terra cruda vedi: MARGUERON 1982, pp. 272-275.

[72] Questo genere di mattoni è definito in accadico *abrum*. SALONEN 1972, p. 158.

[73] Arcuate in testa perché potessero essere ulteriormente scanalate con l'incisione di linee verticali regolarmente distanziate; è questa la forma del mattone rinvenuta a Tépé Moussian. Vedi: SAUVAGE 1998, p. 37, fig. 17.

[74] La letteratura riguardante le tecniche edilizie è ormai molto vasta e approfondita, ma per ottenere un'immagine viva di quanto fosse complessa la modulazione delle superfici degli edifici è sufficiente ricordare l'impellenza di formalizzare, in età Paleobabilonese, regole matematiche per calcolare i volumi dei mattoni da usare nelle scalinate interne (YBC4669), il taglio dei mattoni da adeguare a spazi circolari, ovoidali, o sinusi (BM85194), gli accorgimenti speciali per la messa in opera di murature in crudo la cui sezione sarebbe stata trapezoidale e l'alzato rastremato, in scala, verso l'alto (IM54011), la differenziazione, inoltre, delle tecniche per la demolizione stessa degli alzati o di alcune loro parti (YBC4673). Vedi: FRIBERG 2000, p. 89, fig. 4.1; p. 96, fig. 4.2; pp. 106-107, fig. 5.1.

[75] SAUVAGE 1998, p. 112.

[76] Per il processo di estrazione, lavorazione e impiego del bitume nel Vicino Oriente vedi HOLLANDER-SCHWARTZ 2000, pp. 83-91. Per le tecniche di impermeabilizzazione con asfalto nell'Eanna di Uruk vedi in particolare SCHMIDT 2002, pp. 45-83.

[77] Questo genere di opere idrauliche, che vengono pianificate nel sud della Mesopotamia sin dal periodo di Uruk e di Jemdet Nasr, divengono, agli inizi del III millennio a. C., vere e proprie fabbriche architettoniche come nel caso del *Girsu Regulator* collocato sulla sponda orientale di un affluente dell'Eufrate (Id-nina-gena), la cui struttura in mattoni cotti impermeabilizzati con bitume era fondata su reticoli di canne anch'essi trattati allo stesso modo e poggiati su uno strato di argilla compatta. In questo spesso deposito erano stati lasciati ben 20 coni di argilla che Gudea aveva dedicato a 9 divinità e una tavoletta di un tale *Ug-me* che indicava la costruzione con il termine sumerico *giš-kéš. du* (*Weirs* o *Dams*). Cfr. STEINKELLER 1988, pp. 73-92; DIGHT 2002, pp. 115-122.

[78] Le cosiddette tavole di costanti sono, infatti, costituite da una lunga lista di *valori* (in sumerico *igi. gub / igi. gubba*) convertiti nel sistema sessagesimale e destinati ad un uso pratico e mnemonico. FRIBERG 2000, pp. 63-69.

[79] Nella formula nota come: «*1 Brick šar = 12 sixties of bricks, for all types of bricks*». Cfr. FRIBERG 2000, pp. 69-70.

[80] Cfr. FRIBERG 2005, pp. 1-10.

[81] «The "currying number" *nazbalum* (< *zabālum* 'to carry') is another important brick parameter, different for different types of bricks. It is the work norm for a man carrying bricks, in terms of *number of bricks curried · distance walked*». Cit. FRIBERG 2000, p. 72.

[82] Che è documentata nel periodo di Ur III secondo le seguenti equivalenze: «1 (*barig*) 4 (*ban*) (= $^1/_3$ *gur*) of Burley: = 7 $^2/_3$ *brick šar*, hence 1 *gur.* = 22 ½ *brick šar*». Cfr. FRIBERG 2000, p. 120.

[83] La definizione è: «The weight of 6 'regular bricks', or of 1 unit brick, or of $2^1/_4$ square bricks of side $^2/_3$ c., is 1 talent (gun 'load'), here called load of 1 man». Cfr. FRIBERG 2000, p. 70.

[84] FRIBERG 2000, p. 71.

[85] Come dimostra la serie di esercizi di matematica e geometria che sono stati riconosciuti, risolti ed interpretati in molti preziosi testi datati ai periodi di Uruk e Jemdet Nasr, Protodinastico Tardo, Protosiriano Maturo, Accadico, Neosumerico e Paleobabilonese. Per il periodo di Uruk e Jemdet Nasr vedi: POWELL 1972, pp. 165-221; HØYRUP 1982, pp. 19-36; FRIBERG 1998, pp. 44-45; FRIBERG 1999, pp. 107-137; per il periodo Protodinastico tardo vedi: WESTENHOLZ 1975; WHITING 1984, pp. 59-66; MELVILLE 2002, pp. 237-252; per il periodo degli Archivi Reali di Ebla vedi: FRIBERG 1986, pp. 3-25; per il periodo Accadico: FOSTER–ROBSON 2004, pp. 1-15; FRIBERG 2005, pp. 1-23.

[86] La costruzione del mattone richiamava necessariamente una matematica del rendiconto e dello scambio, ma questi calcoli, che arricchirono il patrimonio mnemotecnico formatosi già nel periodo di Uruk, vennero mantenuti e adattati sino al I millennio a.C. Così, non dovremmo enfatizzare – altro pregiudizio contemporaneo – l'etica del movimento commerciale dei beni quasi fosse stato indotto dall'aumento esponenziale dei profitti, in realtà sembrerebbe proprio che fu l'equilibrata gestione e manipolazione della terra, il bene più comune, ad indurre una prima necessaria quantificazione macro-economica del lavoro umano.

[87] Alcune esplorazioni di carattere etnografico hanno verificato interessanti analogie tra le forme di abitazioni (*Mudhif*), le imbarcazioni (*Tarada*) e le incannicciate preparate per l'impiego edile (*Hitir*) dagli abitanti delle regioni paludose dell'Iraq meridionale (abitazioni, imbarcazioni e capanne poi modellate in misure *standard* integrando canne, argilla e bitume) e quelle disegnate sulle incisioni del rilievo e della glittica protostorica dell'età di Uruk. Ma, aldilà dell'analogia di forme e modelli, è interessante sottolineare che alcuni degli edifici maggiori contemporanei dell'Iraq meridionale, come ad esempio i granai, recano ancora sulla cima del loro tetto, visibile dinanzi all'entrata, piccoli idoli di terracotta; questi potrebbero conservare anche il sistema di comunicazione "simbolico e/o apotropaico" che certo ebbero gli stendardi di Inanna e Dumuzi (fasci di canne e spighe di grano), onnipresenti nelle scene rituali del rilievo sud-mesopotamici della fine del IV millennio a. C. Per un primo tentativo scientifico di condizionare la lettura archeologica a queste similitudini si veda: OCHSENSCHLAGER 1992, pp. 47-78.

[88] A questo proposito deve essere ricordato che i dati paleobotanici ottenuti nella regione del lago Hammar, a Zubair (in prossimità della confluenza tra Tigri e Eufrate) mostrano che quest'area era un confine mobile soggetto ad essere coperto stagionalmente (in estate e all'inizio dell'autunno) dalle acque del golfo in un periodo compreso tra il 5730 +/- 210 e il 4770 $^+/$ 140. Cfr. SANLAVILLE–DALONGEVILLE 2005, pp. 9-26. ADAMS–NISSEN 1972, pp. 9-11.

[89] Sulle fonti relative alla fondazione mitica della città mesopotamica si veda anche: RAMAZZOTTI 2010c cds

[90] Sui fondamenti cognitivi del linguaggio ideografico vedi: DAMEROW 1998, pp. 247-269; DAMEROW 1999.

[91] Difficoltà tecniche che compromettono il recupero di molte strutture architettoniche conservate in tutti il Tell del Vicino Oriente. Tuttavia, insieme a queste difficoltà reali, è necessario ricordare che la prima archeologia orientale, pionieristica e coloniale, nella fervida attesa di nuove scoperte bibliche che potessero raccogliere i consensi e i lauti finanziamenti degli allora nascenti grandi musei europei, intraprese lo scavo di molti depositi archeologici, soprattutto mesopotamici e palestinesi, quasi fossero miniere da sbancare e saccheggiare. Vedi LIVERANI 2000, pp. 1-17.

[92] Per la manifattura dei coni in argilla delle strutture architettoniche in *riemchen* di Uruk vedi ANDRAE 1930, pp. 85-86; HEINRICH 1937, pp. 30-44; TROKAY 1981, pp. 149-171. Riguardo alla datazione della loro comparsa nel Sud della Mesopotamia sul finire del periodo di Ubaid vedi FINKBEINER 1986, pp. 33-56.

[93] Riguardo ai coni del III Millennio che recavano spesso una dedica iscritta in sumerico o in accadico si veda COOPER 1985, pp. 97-114.

[94] Che, addirittura, potrebbe aver ispirato l'elaborata tecnica dello *zikkatu* in età assira. DOMBAZ-GRAYSON 1984, pp. 2-8. D'altronde, il termine *Clay Cone* è un'inadeguata traduzione del termine assiro (*sikkatu*, *ziqqatu*) usato per indicare quel peculiare elemento decorativo di interni per il quale già Andrae, nel 1930, aveva elaborato un preciso schema della loro possibile messa in opera. Vedi ANDRAE 1930, pp. 78-96.

[95] Cfr. LLOYD–SAFAR 1943, pp. 131-158 (139 ff).

[96] Cfr. MOOREY 1994, p. 323.

[97] Le trame di rombi, losanghe e triangoli concentrici si ritrovano identiche anche in molti esemplari di glittica urukita. Vedi ad esempio i motivi presenti nei sigilli n. 425 (Khafajah, *frit*: 27,09), n. 426 (da Kish, in osso: 27 x 08;), n. 427 (da Ur, conchiglia: 30 x 0,8), n. 431 (da Ur, conchiglia). Cfr. BASMAHJI 1994, p. 4 e seg.

[98] Prevalentemente anche perché gli esterni tendono a conservarsi molto meno, ma deve essere ricordato che l'aspetto esteriore degli edifici archeologici è sempre quello di rovine, ovvero di strutture abbandonate, distrutte, reimpiegate o deteriorate che non recano quasi più alcuna traccia della decorazione originaria.

[99] Il genere letterario delle lamentazioni ebbe un grande successo a partire dal crollo della III dinastia di Ur quando, probabilmente, vennero composte la maggior parte delle opere (il Lamento di Nippur, il Lamento di Eridu, il Lamento di Uruk, il Lamento di Ekimar e la Lamentazione di Ur). L'intento programmatico di queste composizioni era quello di offrire una spiegazione lirica e tragica al crollo delle più importanti città di Sumer; in questo modo venivano soprattutto esaltate le locali politiche di "Restaurazione" che ricercavano le ragioni concrete e/o mitologiche del disastro per avviare la ricostruzione delle città e promuovere la sostituzione dei vecchi poteri. MICHALOWSKI 1989.

[100] Come attestata dalle classiche losanghe rosso-nere su intonaco bianco del livello XVI di Gawra datato al periodo di Ubaid III.

[101] MATTHIAE 2004, pp. 318-325. Le pitture dell'Edificio FF2 di Ebla sono un buon esempio di questa comunicazione non verbale; qui, a poca distanza dalle pitture protostoriche, geometriche e figurative di Malatya, riconosciamo infatti l'impiego di trame solo geometriche per la decorazione di una probabile nicchia aperta sulle pareti di un vano, certamente enigmatico, ma collocato ai limiti occidentali di un grande edificio monumentale. La nicchia rettangolare era stata modellata ad incastro nella parete settentrionale tramite cornici multiple, modanate e dipinte alternando il rosso, il bianco e il nero con motivi a triangolo, losanga, croce e rosetta. Questi pigmenti e i motivi dipinti furono verosimilmente ispirati dall'arcaica tradizione cromatica e simbolica urukita (Cfr. LENZEN 1959, pp. 13-14, pl. 20a-b), questa è conservata in Mesopotamia meridionale nelle decorazioni a 'mosaico' dell'architettura di Uruk IV e III e in Mesopotamia settentrionale nelle pitture di poco successive rinvenute all'interno del palazzo amministrativo di Arslantepe VIA. RAMAZZOTTI 2008a, pp. 191-205; ID. 2008b; RAMAZZOTTI–DI LUDOVICO 2010a; RAMAZZOTTI–DI LUDOVICO 2010b.

[102] L'identità tra la stella (e dunque la divinità) e il fiore è riflessa nel senso duale del sumerico *Ul* (e nell'equivalente accadico *Ullu*) che Steinkeller traduce come *Star-flower*. Cfr. STEINKELLER 2002, pp. 359-372.

[103] Associazione dimostrata da A. Deimel e poi approfondita, sul piano filologico ed iconografico, da Andrae, Falkenstein e Moortgat-Correns. Cfr. MOORTGAT–CORRENS 1994, pp. 359-371.

[104] L'affinità tra la il fascio di canne e la spiga nei documenti della glittica e del rilievo urukiti e i segni corrispondenti nella scrittura proto-cuneiforme di Uruk III è stata rivisitata da Cooper nel senso di mostrare come le tecnologie del controllo sociale divengono sistemi semiotici semi-autonomi (Cfr. J. COOPER, *Incongruent Corpora. Writing and Art at the Dawn of History*. Conferenza tenuta all'Istituto di Storia Romana, Roma 03/11/06).

BIBLIOGRAFIA

ADAMS–NISSEN 1972 = R. McC. ADAMS., H.J. NISSEN, *The Uruk Countryside. The Natural Setting of Urban Societies*, Chicago-Loncon 1972.

AL-RAWI 1985 = F.N.H. AL-RAWI, *Nabopolassar's Restoration Work on the Wall Imgur-Enlil at Babylon*, in *Iraq* 47, 1985, pp. 1-13.

ALJUNDI 1984 = G. ALJUNDI, *Architecture traditionnelle en Syrie*, Paris 1984.

ALSTER 2006 = B. ALSTER, *Ninurta and the Turtle. On Parodia Sacra in Sumerian Literature*, in P. MICHALOWSKI, N. VELDHIUS (eds.), *Approaches to Sumerian Literature. Studies in Honour of Stip* (H.L.J. Vanstiphout), Leiden 2006, pp. 13-36.

AMBOS 2004 = C. AMBOS, *Mesopotamische Baurituale*, Berlin 2004.

ANDRAE 1930 = W. ANDRAE, *Das Gotteshaus e. d. Urformen des Bauens im Alten Orient*, Berlin 1930.

AURENCHE 1981 = O. AURENCHE, *La Maison orientale, l'architecture du Proche-Orient des origines au milieu du IVe millénaire*, Paris 1981.

AURENCHE 1993 = O. AURENCHE, *L'origine de la brique dans le Proche-Orient ancien*, in M. FRANGIPANE, H. HAUPTMANN, M. LIVERANI, P. MATTHIAE, M. MELLINK (eds.), *Between the Rivers and Over the Mountains. Archaeologica Anatolica Alba Palmieri Dedicata*, Roma 1993, pp. 71-85.

BAHRANI 2006 = Z. BAHRANI, *Race and Ethnicity in Mesopotamian Antiquity*, in *World Archaeology* 38/1, 2006, pp. 48-59.

BALFET 1980 = H. BALFET, *A Propos du métier de l'argile: exemple de dialogue entre ethnologie et archéologie*, in AA.VV. (éds.), *L'archéologie du début de l'époque néolithique a 333 avant notre ère*, Paris 1980, pp. 71-94.

BASMAHJI 1994 = F. BASMAHJI, *al-Akhtam al-istiwaniyah fi al-Mathaf al-'Iraqi: Uruk wa-Jamdat Nasr / Cylinder Seals in the Iraq Museum: Uruk and Jemdet Nasr Period* (= Edubba 3), London 1994.

BENDAKIR 1999 = M. BENDAKIR, *Problèmes de la préservation des architectures en briques de terre crue, étude de cas: le site archéologique de Mari (Syrie)*, PHD, Paris 1999.

BENDAKIR 2008 = M. BENDAKIR, *Architecture de terre en Syrie*, Grenoble 2008.

BENDAKIR-VITOUX 1993 = M. BENDAKIR, F. VITOUX, *Méthodologie de recherche pour la préservation du site archéologique de Mari (Syrie)*, in *International Scientific Commitee on Earthen Architectural Eritage* 7, 1993, pp. 317-323.

BOTTÉRO 1985 = J. BOTTÉRO, *Mythes et Rites de Babylone*, Paris 1985.

BOTTÉRO–KRAMER 1992 = J. BOTTÉRO, S.N. KRAMER, *Uomini e dei della Mesopotamia*, Torino 1992.

BRAUN HOLZINGER 1999 = Eva A. BRAUN HOLZINGER, *Apotropaic Figures at Mesopotamian Temples in the Third and Second Millennia*, in T. ABUSCH, K. VAN DER TOORN (eds.), *Mesopotamian Magic, Textual, Historical, and Interpretative Perspectives*, Groningen 1999, pp. 149-172.

BUTTERBAUGH–PIGGOTT 1980 = D. BUTTERBAUGH, V. PIGGOTT, *Mud-brick / Adobe Conservation International Report*, in AA.VV., *Third International Symposium of Mud-brick (Adobe) Preservation* (28 September-4th October 1980), Ankara 1980, pp. 19-28.

CASTELLINO 1959 = G. CASTELLINO, *Il concetto sumerico di "ME" nella sua accezione concreta*, in *Analecta Biblica* 12, 1959, pp. 25-32.

CHIARI 1990 = G. CHIARI, *Evaluation of the Preservation Work on Earthen Architecture done in Iraq in the years 1969-71*, in *Mesopotamia* 25, 1990, pp. 217-227.

CLAYDEN 1996 = T. CLAYDEN, *Kurigalzu I and the Restoration of Babylonia*, in *Iraq* 58, 1996, pp. 109-121.

COOPER 1985 = J. COOPER, *Medium and Message: Inscribed Clay Cones and Vessels from Presargonic Sumer*, in *Revue d'Assyriologie* 79, 1985, pp. 97-114.

DAMEROW 1998 = P. DAMEROW, *Prehistory and Cognitive Development*, in J. LANGER, M. KILLEN (eds.), *Piaget, Evolution, and Development*, New Jersey 1988, pp. 247-269.

DAMEROW 1999 = P. DAMEROW, *The Origins of Writing as a Problem of Historical Epistemology*, Lecture at the Symposium on the "Multiple Origins of Writing: Image, Symbol and Script", University of Pennsylvania, Berlin 1999.

DAMERJI 1987 = M.S. B. DAMERJI, *The Development of the Architecture of Doors and Gates in Ancient Mesopotamia*, Tokyo 1987.

DELCROIX 1972 = G. DELCROIX, *Caractérisation des matériaux en terre crue*, Paris 1972.

DETHIER 1986 = J. DETHIER (ed.), *Architectures de terre. Atouts et enjeux d'un matériau de construction méconnu: Europe, Tiers Monde, États Unis*, Paris 1986.

DELOUGAZ 1933 = P. DELOUGAZ, *I. Plano-Convex Bricks and the Methods of their Employment. II. The Treatment of Clay-tablets in the Field*, Chicago 1933.

DI PASQUALE 2003 = S. DI PASQUALE, *L'arte del costruire. Tra conoscenza e scienza*, Venezia 2003.

DIGHT = R.J.W. DIGHT, *The Construction and Use of Canal Regulators in Ancient Sumer*, in *Aula Orientalis* 20, 2002, pp. 115-122.

DOAT et al. 1983 = P. DOAT, A. HAYS, H. HOUBEN, S. MATUK, F. VITOUX, *Construire en terre*, Paris 1983.

DOLCE 1994 = R. DOLCE, *Città di fondazione o fondazione di città?* in S. MAZZONI (a cura di), *Nuove fondazioni nel Vicino Oriente antico: realtà e ideologia* (= Seminari di Orientalistica 4), Pisa 1994, pp. 131-164.

DOLCE 2000 = R. DOLCE, *Some Architectural Drawings on Clay Tablets: Examples of Planning Activity or Sketches?*, in P. MATTHIAE et al. (eds.), *Proceedings of the First International Congress on the Archaeology of the Ancient Near East*, Roma 2000, pp. 365-395.

DOMBAZ–GRAYSON 1984 = V. DOMBAZ, K.A. GRAYSON, *Royal Inscriptions on Clay Cones from Ashur now in Istanbul*, Toronto 1984.

DOMBAZ–YOFFEE 1986 = V. DOMBAZ, N. YOFFEE, *Old Babylonian Texts from Kish, Conserved in the Istanbul Archaeological Museums*, (Bibliotheca Mesopotamica XVII), Malibu 1986.

EATON 1981 = R. EATON, *Mud: an Examination of Earth Architecture*, London 1981.

EDZARD 1987 = D.O. EDZARD, *Deep Rooted Skyscrapers and Bricks: Ancient Mesopotamian Architecture and its Imagery*, in M. MINDLING, J. GELLER, J.E. WAINSBROUGH (eds.), *Figurative Language in the Ancient Near East*, London 1987, pp. 13-24.

ELLIS 1968 = R.S. ELLIS, *Foundation Deposits in Ancient Mesopotamia*, New Haven – London 1968.

FARBER-FLÜGGE 1973 = G. FARBER-FLÜGGE, *Der Mythos "Inanna und Enki" unter besonderer Berücksichtigung der Liste der me (Studia Pohl, 10)*, Roma 1973.

FINKBEINER 1986 = FINKBEINER Ü, *Uruk Warka: Evidence of Jemdet Nasr Period*, in U. FINKBEINER, W. RÖLLIG, (eds.), *Ğamdet Nasr Period or Regional Style?, Beihefte zum Tübingen Atlas der Vorderen Orients*, Reihe B. (*Geisteswissenschaften*, 62), Wiesbaden 1986, pp. 33-56.

FOSTER-ROBSON 2004 = B. FOSTER, E. ROBSON, *A New Look at the Sargonic Mathematical Corpus*, in *Zeitschrift für Assyriologie* 94, 2004, pp. 1-15.

FRAME 1993 = G. FRAME, *Nabonidus and the History of the Eulmash Temple at Akkad*, in *Mesopotamia* 28, 1993, pp. 21-50.

FRENCH 1987 = P. FRENCH, *The Problems of In Situ Conservation of Mud brick and Mud Plaster*, in H.W.M. HODGES (ed.), *In situ Archaeological Conservation*, Proceedings of Meetings April 6-13, Mexico City 1987, pp. 78-83.

FRIBERG 1986 = J. FRIBERG, *Three Remarkable Texts from Ancient Ebla*, in *Vicino Oriente* 6, 1986, pp. 3-25.

FRIBERG 1998 = J. FRIBERG, *Round and Almost Round Numbers in Proto-literate Metro-mathematical Field Texts*, in *Archiv für Orientforschung* 44/45, 1997-1998, pp. 1-58.

FRIBERG 1999 = J. FRIBERG, *Proto-literate Counting and Accounting in the Middle East. Examples from Two New Volumes of Protocuneiform Texts*, in *JCunSt* 51, 1999, pp. 107-137.

FRIBERG 2000 = J. FRIBERG, *Bricks and Mud in Metro-Mathematical Cuneiform Texts*, in J. HØYRUP, P. DAMEROW (eds.), Changing Views on Ancient Near Eastern Mathematics (=BBVO 19), Berlin 2000, pp. 61-154.

FRIBERG 2005 = J. FRIBERG, *On the Alleged Counting with Sexagesimal Place Value Numbers in Mathematical Cuneiform Texts from the Third Millennium BC*, in *Cuneiform Digital Library* Journal 2, 2005, pp. 1-23.

GALDIERI 1982 = E. GALDIERI, *Le meraviglie dell'architettura in terra cruda*, Roma-Bari 1982.

GARFINKEL 2005 = Y. GARFINKEL, *Dancing Diamonds. In memory of P.R.S. Moorey*, in *Iran* XLIII, 2005, pp. 111-131.

GILLOT 1969 = J.E. GILLOT, *Clay in Engineering Geology*, Essex 1969.

GOMBRICH 2000 = E. GOMBRICH, *Il senso dell'ordine. Studio sulla psicologia dell'arte decorativa*, Torino 2000.

GROENEWEGEN–FRANKFORT 1951 = H.A. GROENEWEGEN–FRANKFORT, *Arrest and Movement. An Essay on Space and Time in the Representational Art of the Ancient Near East*, London 1951.

HEINRICH 1935 = E. EINRICH, *Sechster vorläufiger Bericht … Uruk-Warka … (Abhandlungen der Preussischen Akademie der Wissenschaften*, Jahrgang 1935, philosophisch-historische Klasse, Nr. 2) Berlin 1935.

HEINRICH 1937 = E. EINRICH, *Die Archaïschen Ziggurat Bauten*, Berlin 1937.

HOLLANDER–SCHWARTZ 2000 = D. HOLLANDER, M. SCHWARTZ, *Annealing, Distilling, Reheating and Recycling: Bitumen Processing in the Ancient Near East*, in *Paléorient* 26/2, pp. 83-91.

HOUBEN–GUILLAUD 1989 = H. HOUBEN, H. GUILLAUD, *Traité de construction en terre*, Marseille 1989.

HOUBEN–GUILLAUD 1994 = H. HOUBEN, H. GUILLAUD, *Earth Construction. A Comprehensive Guide*, London 1994.

HOWARD–PAGLIERO 1966 = C. HOWARD, R. PAGLIERO, *Notes on Mud-brick Preservation*, in *Journal of Archaeology and History in Iraq* 22/I-II, 1966, pp. 65-76.

HØYRUP 1982 = J. HØYRUP, *Investigations of an Early Sumerian Division Problem*, in *Historia Mathematica* 9, 1982, pp. 19-36.

HØYRUP–DAMEROW 2001 = J. HØYRUP, P. DAMEROW (eds.), *Changing Views on Ancient Near Eastern Mathematics*, Berlin 2001.

HUOT–MARECHAL 1985 = J.L. HUOT, C. MARECHAL, *L'emploi du gypse en Mésopotamie a sud à l'époque d'Uruk*, in J.L. HUOT, M. YON, Y. CALVET (eds.), *De l'Indus aux Balkans, Recueil à la mémoire de Jean Deshayes*, Paris 1985, pp. 261-275.

JACOBSEN 1987 = TH. JACOBSEN, *The Harps that once … Sumerian Poetry in Translation*, New Haven-London 1987.

KATZ 2003 = D. KATZ, *The Image of the Nether World in the Sumerian Source*, Bethesda 2003.

KOZLOWSKI–KEMPISTY 1990 = S. KOZLOWSKI–A. KEMPISTY, *Architecture of the Pre-Pottery Neolithic settlement in Nemrik, Iraq*, in *WorldA* 21, 1990, pp. 348–362

LAMBERT 1975 = W. LAMBERT, *The Cosmology of Sumer and Babylon*, in C. BLACKER-M. LOEWE (eds.), *Ancient Cosmologies*, London, pp. 42-65.

LAMBERT 1987 = W. LAMBERT, *The Sumero-Babylonian Brick-god Kulla*, in *JNES* 46, 1987, pp. 203-204.

LEBEAU–SULEIMAN 2007 = M. LEBEAU, A. SULEIMAN, *Tell Beydar, the 2000-2002 Seasons of Excavations, the 2003-2004 Seasons of Architectural Restoration. A Preliminary Report*, Turnhout 2007.

LEKSON 1996 = S.H. LEKSON, *Landscape with Ruins: Archaeological Approaches to Built and Unbuilt Environments* (Review article), in *Current Anthropology* 37, 1996, pp. 886-892.

LENZEN 1959a = H.J. LENZEN, *Die Ausgrabungen an der Westecke von Eanna*, in *UVB* XV, 1959, pp. 8-19.

LENZEN 1975 = H.J. LENZEN, *Die Architektur der Schicht Uruk Arch. III (Djemdet Nasr) in Eanna*, in *Studia Orientalia* 46, 1975, pp. 169-192.

LEVEY 1956 = M. LEVEY, *Clay and its Technology in Ancient Mesopotamia*, in *Centaurus* 6/2, 1956, pp. 149-156.

LEWIN–SCHWARTZBAUM 1983 = S.Z. LEWIN, P.M. SCHWARTZBAUM, *Investigation of the Long-Term Effectiveness of an Ethyl Silicate-Based Consolidant on Mudbrick*, in AA.VV. (eds.), *Adobe: International Symposium and Training Workshop on the Conservation of Adobe*, Lima-Cusco 1983, pp. 77-81.

LEWIS 1980 = B. LEWIS, *Experiments in Mud-Brick Conservation at Tepé Nush-i-Jan*, in *Third Symposium on Mud-Brick (adobe) Preservation*, Ankara 1980, pp. 109-118.

LIÉGEY 1988 = A. LIÉGEY, *Les problèmes de conservation de l'architecture de brique crue au Proche Orient. État des recherches*, Paris 1988.

LIÉGEY 1997 = A. LIÉGEY, *Analyse de quelques briques crues et de leur dégraissantes*, in *Mari* 8, 1997, pp. 181-192.

LIVERANI 2000 = M. LIVERANI, *La scoperta del mattone. Muri e archivi nell'archeologia mesopotamica*, in *Vicino Oriente* 12, 2000, pp. 1-17.

LLOYD–SAFAR 1943 = S. LLOYD, F. SAFAR, *Tell Uqair: Excavation by the Iraq Government Directorate of Antiquities in 1940 and 1941*, in *JNES* 2, 1943, pp. 131-158.

MACKAY 1925 = E. MACKAY, *Report on the Excavation of the "A" Cemetery at Kish, Mesopotamia, Part I*, Chicago 1925.

MACKAY 1931 = E. MACKAY, *Report on Excavations at Jemdet Nasr*, Oxford 1931.

MARGUERON 1982 = J.-CL. MARGUERON, *Recherches sur les palais mésopotamienne de l'âge du bronze*, Paris 1982.

MARGUERON 1993 = J.-CL. MARGUERON, *Premiers regards sur les solution techniques mises en œuvre à Mari (Syrie), vers 2500-2000 av. J.-C., pur la conservation de l'architecture de terre*, in AA.VV. (eds.), *7a Conferencia Internacional sobre o Estudo e Conservação da*

Arquitectura de Terra (Silves, Portugal, 24 a 29 de Outubro 1993), Lisbon 1993, pp. 299-303.

MATTHIAE 1983 = P. MATTHIAE, *Nouvelles recherches sur l'architecture palatine d'Ebla*, in *Comptes Rendus de l'Académie des Inscriptions et Belles-Lettres*, Paris 1983, pp. 530-554.

MATTHIAE 1984 = P. MATTHIAE, *Il sovrano e l'opera. Arte e potere nella Mesopotamia antica*, Roma – Bari 1984.

MATTHIAE 1989 = P. MATTHIAE, *Ebla. Un impero ritrovato*, Torino 1989.

MATTHIAE 2002b = P. MATTHIAE, *Fouilles et restaurations à Ebla en 2000-2001: Le Palais Occidental, la Résidence Occidentale et l'urbanisme de la ville paléosyrienne*, in *Comptes Rendus de l'Académie des Inscriptions et Belles-Lettres*, Paris 2002, pp. 531-574.

MATTHIAE 2004 = P. MATTHIAE, *Le Palais Méridional dans la Ville Basse d'Ebla Paléosyrienne: fouilles à Tell Mardikh 2002-2003*, in *Comptes Rendus de l'Académie des Inscriptions et Belles-Lettres*, Paris 2004, pp. 301-346.

MATTHIAE 2007 = P. MATTHIAE, *Nouvelles fouilles à Ebla en 2006: Le Temple du Rocher et ses successeurs protosyriens et paléosyriens*, in *Comptes Rendus de l'Académie des Inscriptions et Belles-Lettres*, Paris 2007, pp. 481-525

MATTHIAE 2008 = P. MATTHIAE, *Gli Archivi Reali di Ebla. La scoperta, i testi, il significato*, Roma 2008.

MAUL 1994 = S. MAUL, *Zukunftsbewältigung. Eine Untersuchung altorientalischen Denkens anhand der babylonisch-assyrischen Löserituale (Namburbi)*, Mainz am Rhein 1994.

MAZAR 1999 = A. MAZAR, *The Conservation and Management of Mudbrick Buildings at Tell Qasile, Israel*, in *Conservation and Management of Archaeological sites* III/1-2, 1999, pp. 103-108.

MEIJER 1989 = D.J.W. MEIJER, *Ground Plans and Archaeologists: on Similarities and Comparisons*, in O.M.C. HAEX, H.H. CURVERS, P.M.M.G. AKKERMANS (eds.), *To the Euphrates and Beyond: Archaeological Studies in Honour of Maurits N. van Loon*, Rotterdam 1989, pp. 221-236.

MELVILLE 2002 = D. MELVILLE, *Ration Computations at Fara: Multiplication or Repeated Addition?*, in J.M. STEELE, A. IMHAUSEN (eds.), *Under One Sky. Astronomy and Mathematics in the Ancient Near East*, Münster 2002, pp. 237-252.

MICHALOWSKI 1989 = P. MICHALOWSKI, *Lamentation over the Destruction of Sumer and Ur* (= *Mesopotamian Civilizations* 1), Winona Lake 1989.

MOOREY 1964 = P.R.S. MOOREY, *The 'Plano-convex Building' at Kish and Early Mesopotamian Palaces*, in *Iraq* 26, 1964, pp. 83-98.

MOOREY 1994 = P.R.S. MOOREY, *Ancient Mesopotamian Materials and Industries. The Archaeological Evidence*, Oxford 1994.

MOORTGAT–CORRENS 1994 = U. MOORTGAT–CORRENS, *Die Rosette – ein Schriftzeichen? Die Geburt des Sterns dem Geiste der Rosette (mit einem philologischen Kommentar von Barbara Back*, in *Altorientalische Forschungen* 21, 1994, pp. 359-371.

MUNCHAEV 1984 = R.M. MUNCHAEV, *Archaeological Studies in the Sinjar Valley 1980*, in *Sumer* 43, 1984, pp. 32-53.

MUNCHAEV–MERPERT 1973 = R.M. MUNCHAEV, N.Y. MERPERT, *Early Agricultural Settlements in the Sinjar Plain, Northern Iraq*, in *Iraq* 35, 1973, pp. 93-113.

NORTON 2003 = J. NORTON, *Building with Earth, a Handbook*, in G. PALUMBO, J.M. TEUTONICO (eds.), *Management Planning for Archaeological Sites*, London 2003.

OATES 1990 = D. OATES, *Innovations in Mud Brick: Decorative and Structural Techniques in Ancient Mesopotamia*, in *World Archaeology* 21/3, 1990, pp. 388-406.

OCHSENSCHLAGER 1992 = E. OCHSENSCHLAGER, *Ethnographic Evidence for Wood, Boats, Bitumen and reeds in Southern Iraq*, in *Bulletin of Sumerian Agriculture* 6, 1992, pp. 47-78.

POWELL 1972 = M.A. POWELL, *Sumerian Area Measures and the Alleged Decimal Substratum*, in *Zeitschrift für Assyriologie und Vorderasiatische Archäologie* 62, 1972, pp. 165-221.

POWELL 1982 = M.A. POWELL, *Metrological Notes on the Esaghila Tablet*, in *Zeitschrift für Assyriologie und Vorderasiatische Archäologie* 72, 1982, pp. 106-123.

RAMAZZOTTI 2000 = M. RAMAZZOTTI, *Appunti sulla semiotica delle relazioni stratigrafiche di Gerico Neolitica*, in *Vicino Oriente* 12, Roma 2000, pp. 89-119.

RAMAZZOTTI 2005 = M. RAMAZZOTTI, *Segni, codici e linguaggi nell'"agire comunicativo" delle culture protostoriche di Mesopotamia, alta Siria e Anatolia*, in F. BAFFI, R. DOLCE, S. MAZZONI, F. PINNOCK (eds.), *"ina kibrat erbetti". Studies in Honor of Paolo Matthiae. Offered by Colleagues and Friends on the Occasion of His 65th Birthday*, Rome 2005, pp. 511-565.

RAMAZZOTTI 2008a = M. RAMAZZOTTI, *An Integrated Analysis for the Urban Settlement Reconstruction. The Topographic, Mathematical and Geophysical Frame of Tell Mardikh, Ancient Ebla*, in H. KÜHNE, R.M. CZICHON, F.J. KREPPNER (eds.), *Proceedings of the 4th International Congress of the Archaeology of the Ancient Near East* (Freie Universität Berlin, 29 March - 3 April 2004), vol. 1: *The Reconstruction of Environment: Natural Resources and Human Interrelations through Time, Art History: Visual Communication*, Berlin 2008, pp. 191-205.

RAMAZZOTTI 2008b = M. RAMAZZOTTI, *The Ebla Archaeological Park: Project and ... Results*, in AA.VV. (eds.), *Colloquium on the Results of the Archaeological Projects of the Cultural Heritage Training Programme*, Damascus 2008, pp. 15-23.

RAMAZZOTTI 2009a = M. RAMAZZOTTI, *Prodromi di un'Eresia. Note metafisiche e temi iconografici per un'archeologia dei cieli mesopotamici*, in P. GALLUZZI (ed.), *Galileo. Images of the Universe from Antiquity to the Telescope*, Firenze 2009, pp. 54-59.

RAMAZZOTTI 2009b = M. RAMAZZOTTI, *Dall'automazione del Record geomagnetico alla scoperta del «Tempio della Roccia» (2400 – 2350 a.C. ca.)*, in *Archeomatica*, n. 0, Roma, 2009, pp. 12-15.

RAMAZZOTTI 2010a = M. RAMAZZOTTI, *The Ebla Archaeological Park. Natural, Archaeological and Artificial Italian Portrait of the Ancient Syrian Capital*, in P. MATTHIAE et al. (eds), *Proceedings of the 6th International Congress on the Archaeology of the Ancient Near East May, 5th-10th 2008, "Sapienza" - Università di Roma. Volume 2 Excavations, Surveys and Restorations: Reports on Recent Field Archaeology in the Near East*, Roma 2010, pp. 581-597.

RAMAZZOTTI 2010b = M. RAMAZZOTTI, *Archeologia e Semiotica. Linguaggi, codici, logiche e modelli*, Torino 2010.

RAMAZZOTTI cds.a = M. RAMAZZOTTI, *Accad. Le ombre di una "città invisibile" nel suo paesaggio estetico, archeologico e storico*, in R. DOLCE Hrsg, *Festschrift A. Moortgat*, Palermo cds.

RAMAZZOTTI cds.b = M. RAMAZZOTTI, *Some Preliminary Signs of the Excavation of the North-East Sector of the Western Palace in Tell Mardikh-Ebla: 2000-2001 campaign*, in AA.VV. (eds.), «Proceedings of International Colloquium», Direzione Generale delle Antichità e dei Musei di Damasco (Damasco 2002) cds.

RAMAZZOTTI–DI LUDOVICO 2010a = M. RAMAZZOTTI, A. DI LUDOVICO, *Reconstructing the Ancient Painted Generative Grammar. An experimental analysis on the EBIVA «FF2 Building» decorative system recently discovered in Ebla - Tell Mardikh (Syria)*, in «Orientalia» 2010 cds.

RAMAZZOTTI–DI LUDOVICO 2010b = M. RAMAZZOTTI, A. DI LUDOVICO, *White, Red and Black. Technical Relationships and Stylistic Perceptions between Colours, Lights and Places in Mesopotamia and Syria during the Third Millennium BC.*, in AA.VV (eds.), *6th International Congress of Ancient Near East* (London 2010), cds.

ROAF 2005 = M. ROAF, *Ethnicity and Near Eastern Archaeology: the Limits of Inference*, in W.H. VAN SOLDT (ed.), *Ethnicity in Ancient Mesopotamia* Papers Read at the 48th Rencontre Assyriologique Internationale (Leiden 1-4 July 2002) Istanbul 2005, pp. 307-315.

SALONEN 1972 = A. SALONEN, *Die Ziegeleien im alten Mesopotamien*, Helsinki 1972.

SANLAVILLE–DALONGEVILLE 2005 = P. SANLAVILLE, P. DALONGEVILLE, *L'évolution des espaces du Golfe Persique et du Golfe d'Oman depuis la phase finale de la transgression postglaciaire*, in *Paléorient. Interdisciplinary Review of Prehistory and Protohistory of Southwestern Asia* 31/5, 2005, pp. 9-26.

SAUVAGE 1998 = M. SAUVAGE, *La Brique et sa mise en œuvre en Mésopotamie. Des origines à l'époque achéménide*, Paris 1998.

SCHMIDT 2002 = J. SCHMIDT, *Zum Realitätscharter der sumerischen Baukunst-Gestalmetamorphose in der frühsumerischen sakra-rchitektur*, in *Baghdader Mitteilungen* 33, 2002, pp. 45-83.

SCHOLL–CAMPBELL 1990 = R.F. SCHOLL, D.H. CAMPBELL, *Analysis of Plano-convex bricks from the Round Building at Razuk*, in McG. GIBSON (ed.), *Uch-Tepe II Technical Reports*, Chicago 1990, pp. 91-94.

SCHWARTZ 2000 = G. SCHWARTZ, *Perspectives on Rural Ideologies: the Tell al-Raqa'i "Temple"*, in *Subartu* 7, 2000, pp. 163-182.

SIEVERTSEIN 1999 = U. SIEVERTSEIN, *Buttress-Recess Architecture in Mesopotamia and Syria*, in *Baghdader Mitteilungen* 30, 1999, pp. 7-20.

STEINKELLER 1988 = P. STEINKELLER, *Notes on the Irrigation System in Third Millennium Southern Babylonia*, in *Bulletin of Sumerian Agriculture* 4, 1988, pp. 73-92.

STEINKELLER 2002 = P. STEINKELLER, *Stars and Strips in Ancient Mesopotamia on Two Decorative Elements of Babylonian Doors*, in *Iranica Antiqua* 37, 2002, 357-369.

STEVENS 1983 = A. STEVENS, *Architecture de terre. Sauvegarde et aménagement des sites culturels*, in AA.VV. (eds.), *Lorsque la royauté descendit du ciel... Les fouilles belges du Tell Kannâs sur l'Euphrate en Syrie*, Morlanwelz 1983, pp. 135-146.

STEVENS 1985 = A. STEVENS (ed.), *International Symposium and Training Workshop on the Conservation of Adobe*, Lima – Cusco 1985.

STOL 2000 = M. STOL, *Birth in Babylonia and Bible. Its Mediterranean setting*, Groningen 2000.

TORRACA–CHIARI–GULLINI 1972 = G. TORRACA, G. CHIARI, G. GULLINI, *Report on Mud-Brick Conservation*, in *Mesopotamia* 7, 1972, pp. 259-281.

TROKAY 1981 = M. TROKAY, *Les cônes d'argile du Tell Kannâs*, in *Syria* 58/1, 1981, pp. 149-171.

VON SODEN 1977 = W. VON SODEN, *Mathematische Kostantenlisten als Zeugnisse für Arbeitsnormen in Babylonien*, in *Zeitschrift der Deutschen Morgenländischen Gesellschaft*, Suppl. 4, 1977, pp. 107-109.

VON SODEN 1994 = W. VON SODEN, *The Ancient Orient. An Introduction to the Study of Ancient Near East*, Michigan.

WARREN 1999 = J. WARREN, *Conservation of Earthen Structures*, Oxford 1999.

WESTENHOLZ 1975 = J.G. WESTENHOLZ, *Old Sumerian and Old Akkadian Texts in Philadelphia Chiefly from Nippur, Part One, Literary and Lexical Texts and the Early Administration Documents from Nippur*, Malibu 1975.

WHITING 1984 = R.M. WHITING, *More Evidence for Sexagesimal Calculations in the Third Millennium B.C.*, in *Zeitschrift für Assyriologie* 74, pp. 59-66.

WILCKE 2003 = C. WILCKE, *Mesopotamia. Early Dynastic and Sargonic Periods*, in R. WESTBROOK (ed.), *A History of Ancient Near Eastern Law*, I, Leiden 2003, pp. 141-181.

WINTER 1995 = I. WINTER, *Aesthetics in Ancient Mesopotamian Art*, in J.M. SASSON (ed.), *Civilizations of the Ancient Near East*, New York 1995, pp. 2569-2580.

WINTER 1997 = I. WINTER, *Packaging the Past: the Benefit and Costs of Archaeological Tourism*, in B. SITTER-LIVER, C. UEHLINGER (eds.), *Partnership in Archaeology. Perspective of a Cross Cultural Dialogue*, Frinbourg 1997, pp. 128-146.

WINTER 1999 = I. WINTER, *The Aesthetic Value of Lapis Lazuli in Mesopotamia*, in A. CAUBET (ed.), *Cornaline et pierres précieuses. La Méditerranée, de l'Antiquité a l'Islam*, Paris 1999, pp. 45-58.

WINTER 2000 = I. WINTER, *Babylonian Archaeologists of the(ir) Mesopotamian Past*, in P. MATTHIAE *et al* (eds.), *Proceedings of the First International Congress of the Archaeology of the Ancient Near East*, Rome 2000, pp. 1785-1798.

WINTER 2002 = I. WINTER, *Defining 'Aesthetics' for Non-western Studies: the Case of Ancient Mesopotamia*, in M.A. HOLLY, K. MOXEY (eds.), *Art History, Aesthetics, Visual Studies. Clark Studies in the Visual Arts*, New Haven – London 2002, pp. 3-28.

WINTER 2007a = I. WINTER, *Representing Abundance: A Visual Dimension of the Agrarian State*, in E. STONE (ed.), *Settlement and Society. Essays Dedicated to Robert McCormick Adams*, Los Angeles-Chicago 2007, pp. 117-142.

WINTER 2007b = I. WINTER, *Agency Marked, Agency Ascribed: the Affective Object in Ancient Mesopotamia*, in R. OSBORNE, J. TANNER (eds.), *Art's Agency and Art History*, Oxford 2007, pp. 42-69.

WISEMAN 1969 = D.J. WISEMAN, *A Lipšur Litany from Nimrud*, in *Iraq* 31, 1969, pp. 175-183.

WULFF 1966 = H.E. WULFF, *The Traditional Crafts of Persia, Their Development, Technology and Influence on Eastern and Western Civilization*, Cambridge 1966, pp. 109-110.

The astronomical foundations of the Romulean calendar and its relationship with the Numan calendar: an hypothesis

di

*Leonardo Magini**

ABSTRACT

The astronomical foundations of the Romulean calendar, based on observations of two phenomena – the winter solstice and the vespertine rising of Arcturus – and the transition from the Romulean to Numan calendar: an hypothesis.

The Romulean year is described thus by Macrobius:

> There was a time when the Romans, thanks to Romulus, had their own 10-month year, beginning in March and lasting 304 days: six months – i.e. April, June, August, September, November and December – were 30 days long; four months – i.e. March, May, July and October – were 31 days long[1].

From an astronomical standpoint, a 304-day year makes no sense at all: it is neither solar nor lunar, and it doesn't even last a whole number of lunations. There is also the fact that 31-day months are not compliant with lunations, which last around 29.5 days. It would make far more sense for 30-day months alternating with 29-day months, or 31-day months with 28-day months. In consequence, it is generally believed that the Romulean year was not astronomically-based.

And yet in another comment from Macrobius – a further important yet neglected comment, much like the rest of his writings on the Numan cycle[2] – we discover that a link does indeed exist between month and season in the Romulean year:

> Given that this number [304 days: author's note] agrees neither with the motion of the Sun nor the rhythm of the Moon, at times it occurred that the cold part of the year took place in the summer months or, vice versa, the hot part of the year in the winter months. When this happened, a number of days as large as those necessary to return the season of the year to the particular climate of that month was allowed to be lost, without any monthly name[3].

This comment leaves absolutely no room for doubt: every month in the Romulean calendar is associated with "the particular climate of that month, *caeli habitus instanti mensi aptus*" – that is, the appropriate type of weather – which means that the Romulean year is indeed bound up with the motion of the Sun. In consequence, no 304-day year can be followed by a new 304-day year without a break – as is the case today in parts of the world where a purely lunar calendar is still in use. Without such a break, every month would slide backwards through the entire solar year, and could not therefore be associated with a specific "climate" or season: a Year One lasting 10 months from March to December would be followed by a Year Two in which March starts when January had started the previous year; in Year Three, March would be where November had been two years previously, and so on. The obvious consequence is that it would be impossible to associate a season with any given month in any stable form.

Macrobius' observation shows that the Romulean calendar covers 304 days of the solar year, sub-divided into ten numbered months, but leaves out 61 days "without any monthly name, *sine ullo mensis nomine.*"

A similar system existed in a different culture and tradition co-eval with the first kings of Rome. In *Works and Days*, the Greek poet Hesiod writes:

> When Zeus [the Sun; author's note] has finished sixty wintry days / after the solstice, then the star / Arcturus leaves the holy stream of Ocean, /

and first rises brilliant at dusk; after him / the shrilly wailing daughter of Pandion, the swallow, / appears to men when spring is just beginning[4].

The same occurs in Rome with the Numan calendar, in which the winter solstice falls on 21 December. This date of the solstice may be deduced from a reading of Varro's words on the topic:

> The time from the *bruma* until the Sun returns to the *bruma*, is called a year[5].

and Ovid's:

> Midwinter is the beginning of the new Sun and the end of the old one; / Phoebus [the Sun; author's note] and the year take their start from the same point[6].

and the Praenestine Calendar regarding the feast of *Divalia*, on 21 December:

> there are those who believe that the ceremony for this day is to celebrate the New Year; it is evident, indeed, that [this day] is the start of the New Year[7].

In the Numan calendar, "sixty wintry days" from the 21 December solstice take us to 22 February[8], the day that the swallows appear; the following day, Arcturus performs its vespertine rising. This is exactly how Hesiod chronicled events, and how Pliny recounts the process:

> Variable weather is expected with the appearance of swallows the eighth day before the Calends of March [22 February; author's note], and the day after [23 February] the evening rise of Arcturus[9].

So, the period of time separating these two significant astronomical phenomena – the winter solstice and Arcturus's vespertine rising[10]

– corresponds fairly well to the 61 days missing from the Romulean calendar, "without any monthly name". The remaining 304 days, broken down into 10 numbered months, cover the rest of the year, from Arcturus's vespertine rising to the winter solstice.

It is here that the two calendars begin to display their fundamental differences, regardless of their chronological links and similar heritage[11]. The older of these years – the Romulean year – needs to be re-anchored every year through the observation of one or two significant astronomical phenomena[12] if it is to match the movement of celestial bodies; however, Macrobius notes that this alone was not necessarily sufficient. The more modern of the two years – the Numan year – is far more similar to our own year, requiring solely the addition of intercalary days as prescribed by the rules in order to remain in sync with the motion of the Sun, Moon and planets over a long cycle of years[13].

The vespertine rising of Arcturus marks the end of the Ancient Roman liturgical year. Terminus's inflexible and steadfast resolve not to cede his place even to Jupiter Optimus Maximus not only marks – in all likelihood – the point where the two calendars, Romulean and Numan, coincide; it shows the inalterable nature of the relationship between the rite and observation of celestial bodies. Ovid confirms this in his statement:

> From that time, Terminus, thou hast not been free to flit: / abide in that station in which thou hast been placed[14].

His is, however, a deceptive lack of motion that the slow, imperceptible and inexorable precession of the equinoxes undermines, year after year and century after century, as it alters the time and azimuth of the vespertine rising of all heavenly bo-

dies, Arcturus in particular. With the passage of time, it is no longer possible to observe the first appearance of the celestial body in the East soon after sunset on 23 February from the "small hole, *exiguum foramen*" on the Capitoline temple roof above the altar to Terminus[15].

However, we are now obliged to acknowledge that the Romulean calendar also demonstrates links with astronomy. The difference lies in the type of link: the Romulean calendar is based on the observation of two astronomical phenomena – the winter solstice and the vespertine rise of Arcturus; the Numan calendar is based on knowledge regarding the different lengths of lunations and of the solar year, in addition to the motion of the other heavenly bodies.

In other words, the Romulean calendar is still a "primitive" calendar, even if the winter solstice and the rising of the brightest star in the northern hemisphere are astronomical "phenomena" of the first order. The Numan calendar, on the other hand, is not just a "modern" calendar, it is the direct progenitor of our modern-day calendar: the Gregorian calendar was begat by the Julian calendar, and the Julian calendar was begat by the Numan calendar.

This Numan calendar – as we know – employs a system of intercalation based on a large quantity of erudite knowledge about heavenly bodies. For this calendar, direct and "practical" ongoing observations are required solely to verify what we may call the abstract or "theoretical" results reached through well-known and well-codified calculations.

At this point, it becomes important to try and establish how Numa's "reform" made it possible to move from one calendar to the other. We will begin with Censorinus and Macrobius' writings[16], which state that the Romulean year was 10 months long, and consisted of four months of 31 days each, and six of 30 days each: March, May, July and October were 31 days long; April, June, August, September, November and December were 30 days long. In total – as we have already seen – the Romulean year lasted 304 days; it began on 1 March and ended on 30 December, which was the last day of the year.

It is worth recalling the quotes from Varro and Ovid cited above. Varro writes: "The time from the *bruma* until the Sun returns to the *bruma*, is called a year." While Ovid writes: "Midwinter is the beginning of the new Sun and the end of the old one; / Phoebus [the Sun: author's note] and the year take their start from the same point."

The only legitimate conclusion we may draw from these writings is that the winter solstice marked the end of the year in the Romulean calendar, and therefore fell on 30 December. It may be objected that in actual fact, neither Varro nor Ovid specify precisely "which" year they are referring to. However, we may be certain about one thing: it is not the Numan year, in which the winter solstice occurs on 21

December[17]. Once we have ruled out the Numan year, the only other year it could be – in Rome – is the old Romulean year.

Plutarch would appear to provide the casting vote for this thesis:

> But consider whether Numa may not have adopted as the beginning of the year that which conforms to our conception of the natural beginning. Speaking generally, to be sure, there is not naturally either a last or a first in a cycle; and it is by custom that some adopt one beginning of this period and others another. They do best, however, who adopt the beginning after the winter solstice, when the sun has ceased to advance, and turns about and retraces his course toward us. For this beginning of the year is in a certain way natural to mankind, since it increases the amount of light that we receive and decreases the amount of darkness, and brings nearer to us the lord and leader of all mobile matter[18.]

It could be posited that Plutarch is not talking about the end of the old year and the beginning of the new, but about the changes Numa made to the order of the months, where-

by January and February preceded Romulus's first month, i.e. March. This objection, however, does not hold water, as a number of writings demonstrate that this order was not Numa's doing, but came into effect at a later date. In Numa's time, January and February followed December, and February was the last month of the year.

This leaves us with two alternatives: either Plutarch ascribes to Numa something that came after him, or he is providing us with the proof that we were looking for all along, namely, that Numa established the beginning of the year "after the winter solstice".

This bears closer examination. Let's imagine that Romulus chose the winter solstice as the last day of his year (30 December), and that in his calendar reform Numa brought it forward to 21 December (under the Numan year).

To recap, according to tradition[19], Numa's reform consisted of the following:
- To begin with, Numa added 51 days to the 304 days of the Romulean year and obtained a 355-day lunar year;

Table 1. *Correspondences between the Romulean and Numan years.*

ROMULEAN YEAR		NUMAN YEAR	
interval	no. of days	interval	no. of days
from 1 to 14 March	14	= = =	= = =
5 March ⟶ 1 March - KALENDAE MARTIS			
from 15 March to 30 December	290 (14 + 290 = 304)	from 1 March to 21 December	290
30 December ——— solstice ⟶ 21 December - DIVALIA last day of the year			
days without a monthly name	60	last 8 days of December + 29 days of January + 23 days of February	60
vespertine rising of Arcturus ⟶ 23 February - TERMINALIA			
= = =	= = =	last 5 days of February + 10.25 intercalary days	15.25
total days	14 + 290 + 60 = 364		290 + 60 + 15.25 = 365.25

- He then removed one day from the six 30-day months, recouping six days;
- He added these 6 days to the 51 already added to the Romulean year, giving 6 + 51 = 57 days;
- Lastly, he split these 57 days into two new months, to create a 29-day January and a 28-day February.

Following this series of changes, the 304-day year divided into 10 months, plus the 60 days "without any monthly name", made up a 355-day year, which was augmented by an average of 10.25 intercalated days[20]. The Romulean calendar became the Numan calendar, and the Numan year applied intercalation on a 24-year cycle.

Table 1 summarizes the changes between the Romulean and the Numan years according to this hypothesis:

- In the Romulean year, the interval between 15 March and 30 December lasts 290 days; in the Numan year, the interval between 1 March and 21 December lasts 290 days[21];
- The Romulean year has 60 days without a monthly name between the winter solstice and the vespertine rising of Arcturus. As we saw[22], the same number of days in the Numan year run from 21 December to 22 February; these 60 days consist of the last nine days of December, the 29 days of January and the first 22 days of February;
- In the Romulean year, the first 14 days of March, added to the following 290 days, make up the 304 days of the 10-month year. In the Numan year, the last five days of February, plus the added 10.25 average intercalated days, make a total of 15.25 days.

All in all, the Romulean year lasted 364 fixed days, while the Numan year, on average, lasted 365.25 days.

Table 1. also shows correspondences between specific days in each of these years:

- The winter solstice fell on 30 December in the Romulean year and on 21 December in the Numan year;
- The last of the 60 days "without a monthly name" corresponds to the vespertine rising of Arcturus in the Romulean year, and to 23 February, the feast of *Terminalia*, in the Numan year;
- 15 March in the Romulean year corresponds to 1 March in the Numan year.

* l.magini@yahoo.it

NOTE

* This article is a summary of Chapters 26 and 27 of *Etrusco-Roman Astronomy*, which is in the process of being published by «L'Erma» di Bretschneider and is an expanded and revised edition of *Astronomia etrusco-romana* (2003), which is cited below (nt. 2).

[1] Macr., *Sat.*, 1.12.3: *Romanos quoque olim auctore Romulo annum suum decem habuisse mensibus ordinatum: qui annus incipiebat a Martio et conficiebatur diebus trecentis quattuor, ut sex quidam menses, id est Aprilis Iunius Sextilis September November December, tricenum essent dierum, quattuor vero, Martius Maius Quintilis October, tricenis et singulis expedirentur.*

[2] On the Numan cycle, see L. MAGINI, *Astronomia etrusco-romana*, Roma 2003, pp. 28-31.

[3] Macr., *Sat.*, 1.12.39: *Sed cum is numerus neque solis cursui neque lunae rationibus conveniret, non nunquam usu veniebat ut frigus anni aestivis mensibus et contra calor hiemalibus proveniret; quod ubi contigisset, tantum dierum sine ullo mensis nomine patiebantur absumi quantum ad id anni tempus adduceret quo caeli habitus instanti mensi aptus inveniretur.*

[4] Hes., *op.*, 564-569: Εὖτ᾽ ἂν δ᾽ ἑξήκοντα μετὰ τροπὰς ἠελίοιο / χειμέρι᾽ ἐκτελέσῃ Ζεὺς ἤματα, δή ῥα τότ᾽ ἀστὴρ / Ἀρκτοῦρος προλιπὼν ἱερὸν ῥόον Ὠκεανοῖο / πρῶτον παμφαίνων ἐπιτέλλεται ἀκροκνέφαιος. / τὸν δὲ μέτ᾽ ὀρθογόη Πανδιονὶς ὦρτο χελιδὼν / ἐς φάος ἀνθρώποις ἔαρος νέον ἱσταμένοιο· Pandion, King of Attica, had his daughter turned into a swallow.

[5] Varro, *de l.L.*, 6.8: *tempus a bruma ad brumam dum sol redit, vocatur annus*. *Bruma* is the "very short day", the shortest of the year; Varro also talks of *dies brumales*, the "shortest days", because of difficulties in ascertaining which one of them is the actual solstice.

[6] Ovid., *Fasti*, 1.163-4: *Bruma novi prima est veterisque novissima solis; / principium capiunt Phoebus et annus idem.*

[7] The Praenestine Calendar reads thus: S]UNT TAMEN, [QUI FIERI ID SACRU]M AIUNT OB AN[NUM NOVUM; MANI]FESTUM ESSE [ENIM PRINCIPIU]M [A]NNI NOV[I]. Mommsen's rather freighted addition on the basis of chronicles by Varro, Pliny (following on from Verrius Flaccus)

and Macrobius, is universally accepted; indeed, as Warde Fowler (*The Roman Festivals of the Period of the Republic*, 1908, p. 275) noted, "the Praenestine fragments clearly suggests the word '*annus*'."

[8] 9 days in December + 29 days in January + 22 days in February = 60 days.

[9] Plin., *Nat. Hist.*, 18.237: *varie et VIII kal. Mar. hirundinis visu et posteriore die Arcturi exortu vespertino.*

[10] Even using modern-day calculations, at the time of Rome's first kings, 60 days elapsed between the winter solstice and the evening rising of Arcturus. The day of the solstice – when the Sun sets at 4:46 p.m. with azimuth 238.54 – corresponds to our 22 December 754 B.C.; the day of Arcturus's vespertine rising – at 6:34 p.m., 49 minutes after sunset – corresponds to our 20 February 753 B.C. All data has been sourced from the Cosmos Programme.

[11] According to tradition handed down among others by Censorinus (*De Die Natali* 20.4), the Romulean year was almost immediately amended by Romulus's successor, Numa Pompilius: "Afterwards, either by Numa... there was instituted a year of twelve months and 355 days.., *Postea sive a Numa... XII facti sunt menses et dies CCCLV...*".

[12] In its etymological sense, the Greek noun *phenomenon*, "that which appears, that which may be observed", in astronomy is more extensively interpreted as "that which may be observed and studied through direct observation."

[13] See Magini 2003 *op. cit.*, pp. 32-6 and 111-5.

[14] *F.* 2.673-4: *Termine, post illud levitas tibi libera non est: / qua positus fueris in statione, mane*. "From that time", regarding the god's refusal to move to make way for construction of the new temple.

[15] Ovid (*F.* 2.667-72) writes: "What happened when the new Capitol was being built? Why, / the whole company of gods withdrew before Jupiter and made room for him; / but Terminus, as the ancients relate, remained where he was found / in the shrine, and shares the temple with great Jupiter. / Even to this day there is a small hole in the roof of the temple, / that he may see naught above him but the stars., *Quid, nova cum fierent Capitolia? Nempe deorum / cuncta Iovi cessat turba locumque dedit; / Terminus, ut veteres memorant, inventus in aede / restitit et magno cum Iove templa*

tenet. / Nunc quoque, se supra ne quid nisi sidera cernat, / exiguum templi tecta foramen habent." And yet, as Augustine (*civ. D.*, 7, 7: *...ad eum [scil. Ianum] dicuntur rerum temporalium initia pertinere, fines vero ad alterum, quem Terminum vocant*.) noted almost a thousand years later, *Terminus* would maintain his privilege of representing the "end of ephemeral things", while *Ianus* represents the "beginning". The two gods remain united: *Terminus* is associated with a specific point in the heavenly vault and a specific time of year; *Janus* is associated with the entire heavenly vault and its ceaseless revolution for all time.

[16] Censorinus (*D.D.N.* 20.2-3) recalls that the ten-month long Romulean year was "like the year of the Albans, from which the Roman year descends, *ut tunc Albanis erat, unde orti Romani*"; he continues: *Hi decem menses dies CCCIIII hoc modo habebant: Martius XXXI, Aprilis XXX, Maius XXXI, Iunius XXX, Quintilis XXXI, Sextilis et September tricenos, October XXXI, November et December XXX; quorum quattuor maiores pleni, ceteri sex cavi vocabantur.* Macrobius (*Sat.* 1.12.3) writes: "But Numa, his successor... added...., *Sed secutus Numa... addidit...,*" (continues as per note 1).

[17] This is confirmed by the Praenestine Calendar; see note no. 7.

[18] Plut., *quaest. Rom.*, 19.

[19] Censorinus *D.D.N.* 20.5: "We may be certain that 51 days were added to the old year; as this did not quite make two months, one day was subtracted from each of the six empty months, and these six days wer added to the 51 days to make a total of 57 days, which was used to form two months: January, with 29 days, and February with 28. *Certe ad annum priorem unus et quinquaginta dies accesserunt; qui quia menses duo non explerent, sex illis cavis mensibus dies singuli detracti et ad eos additi, factique dies LVII, et ex his duo menses, Ianuarius undetriginta dierum, Februarius duodetriginta.*" See also Macr., *Sat.*, 1.13.2-5.

[20] See MAGINI 2003, p. 30.

[21] In the Romulean year: 17 days in March + 273 days in April, May, June, July, August, September, October, November and December = 290 days. In the Numan year: 269 days in March, April, May, June, July, August, September, October and November + 21 days in December = 290 days.

[22] See note no. 8.

L'ultimo *garum* di Pompei.
Analisi archeozoologiche sui resti di pesce
dalla cosiddetta "Officina del *garum*"

di

*Alfredo Carannante**

Abstract

This study aims to contribute to the knowledge of activities connected to garum in one of the most important centres of production in the Mediterranean by archeozoological analysis of the remains of fish found on the site of Pompeii. One of the most important places for the sale of this product has been located in the urban perimeter of Pompeii, the so- called "Garum shop". The archeozoological analyses undertaken on these remains show that the production of a fish preserve in Pompeii was obtained using individuals of Spicara smaris (picarels) as the fundamental ingredient. The state of preservation of the fish remains indicates that the fish preserved in the "Garum Shop" of Pompeii, were not subject to any intense process of movement or compression which could have caused breakage at fragile points of the fish skeletons; we therefore deduce that the product was still in the fermentation stage awaiting the final process. The study revealed that the picarels were left to ferment whole; they were neither decapitated nor filleted.

1. Introduzione

Nell'ambito degli studi sull'alimentazione nel mondo classico, particolare interesse rivestono le indagini sulle salse di pesce macerato in salamoia riunite sotto il nome generico di *garum*; prodotti che avevano un ruolo centrale nella culinaria mediterranea antica.

Plinio afferma che, come centri produttori del *garum*, dopo la Betica e la Mauritania, erano altrettanto rinomate Cartagena, Clazomene, Leptis Magna e Pompei[1].

Il presente lavoro vuole rappresentare un contributo archeozoologico alla conoscenza dell'alimentazione pompeiana come pure uno stimolo all'allargamento delle indagini sulle attività legate al *garum* in quello che fu uno dei principali poli produttivi del Mediterraneo.

Il tragico evento vulcanico del 79 d.C. che portò alla distruzione della ricca città vesuviana ha rappresentato, per l'archeologia, un caso unico per la ricostruzione di molti aspetti della vita quotidiana nel mondo imperiale romano. I resti delle attività produttive, dei cibi e delle risorse sfruttate nella città sono stati, infatti, eccezionalmente preservati sotto la spessa coltre di prodotti piroclastici.

Nonostante la conservazione di molti importanti siti costieri di età imperiale e la rinomata importanza dell'area vesuviana per la produzione di salse di pesce fermentato, i luoghi di preparazione campani del *garum* non sono ancora stati individuati; uno dei maggiori centri di vendita del prodotto è stato, tuttavia, riconosciuto all'interno del perimetro urbano di Pompei. La cosiddetta "Officina del *Garum*" (I, 12,8)[2], scoperta tra la fine del 1960 e

gli inizi del 1961, è situata ad ovest dell'anfiteatro ed ha un piccolo ingresso che si affaccia su una stradina che corre parallela a via dell'Abbondanza. All'interno del peristilio sono stati rinvenuti sei dolii seminterrati destinati alla conservazione del *garum* contenenti ossa e scaglie di pesce, mentre, nel giardino alle sue spalle, erano disposte in fila ordinata numerose anfore capovolte, di reimpiego, destinate probabilmente alla spedizione del prodotto. In alcune di esse sono stati ritrovati resti simili a quelli contenuti nei dolii e sul fondo di una, in particolare, un imbuto per travasare il *garum*.

2. Analisi archeozoologiche sui resti di *garum* di Pompei

Una gran parte dei reperti archeoittiologici rinvenuti negli ambienti dell'"Officina del *Garum*" è attualmente conservata e custodita presso il Laboratorio di Ricerche Applicate della Soprintendenza Archeologica di Napoli e Pompei: un insieme di decine di migliaia di ossa di piccoli pesci. Su tale materiale archeozoologico si è deciso di impostare lo studio al fine di ottenere informazioni sulla natura e la composizione dell'ultimo *garum* di Pompei. L'eccezionale abbondanza dei resti ha reso necessaria la selezione di un campione rappresentativo ai fini di un'indagine più approfondita. Le analisi si sono concentrate sull'insieme archeoittiologico la cui provenienza era più accuratamente registrata: un deposito di migliaia di resti i cui elementi anatomici presentano un ottimo grado di conservazione[3].

Del totale di 247 grammi di ossa e scaglie di pesce è stato analizzato un campione corrispondente al 20% in peso. Il 33% in peso di tale campione è risultato costituito da resti tassonomicamente non determinabili: scaglie, coste, spine e piccoli elementi cranici; il restante 67% dei reperti è stato oggetto di un'accurata analisi archeozoologica.

3. Determinazione tassonomica

Effettuata la suddivisione anatomica degli elementi e proceduto alla loro lateralizzazione è risultata presto evidente la loro assoluta costanza tipologica tanto da poter affermare l'appartenenza di tutti gli esemplari ad un unico *taxon*. Tale dato, già di per sé importante, ha inoltre semplificato notevolmente le analisi successive.

Le vertebre indicano che i resti sono riconducibili alla famiglia *Sparidae* o a quella *Centracanthidae*, indistinguibili a livello dello scheletro postcraniale; gli elementi cranici, tuttavia, permettono di attribuire i resti alla seconda famiglia. Gli elementi orali, in particolare,

come i premascellari, caratterizzati da un lungo ramo ascendente, e i dentali, espansi causalmente, permettono di individuare nel genere *Spicara* il *taxon* di appartenenza. La particolare condizione di conservazione dei reperti, infine, ha preservato numerosi neurocrani ancora con tutti gli elementi in connessione. La caratteristica forma allungata in senso anteroposteriore di questi insieme allo scarso innalzamento del sopraoccipitale indicano con chiarezza che i pesci conservati nell'"Officina del *Garum*" erano esemplari di *Spicara smaris* (Linnaeus, 1758), il comune zerro.

4. Calcolo del Numero Minimo di Individui

La tabella 1 riporta l'abbondanza relativa per ogni singolo elemento anatomico lateralizzato riconosciuto nel campione analizzato. Un primo dato che si può desumere da

essa è il Numero Minimo di Individui presenti nel campione.

La somma dei parasfenoidi isolati e di quelli ancora inseriti nei neurocrani preservati è di 103 individui; una cifra confrontabile col numero dimezzato di capsule ottiche (98) rinvenute e col numero minimo di cleitri e opercolari che si approssimano al centinaio.

Osservando la tabella, tuttavia, si nota subito una discrepanza nell'abbondanza relativa degli elementi anatomici. Se i parasfenoidi, i cleitri, gli opercolari e le capsule ottiche suggeriscono un numero minimo di individui che si aggira intorno al centinaio di unità, le vertebre, le pinne pelviche, i postopercolari, i subopercolari e gli elementi orali, quali dentali, mascellari e premascellari, indicano un numero minimo intorno ai 60 individui; numero che scema ancora se si prendono in considerazione prime vertebre, urostili, articolari e frontali.

TABELLA 1. *Numero di reperti per ogni elemento anatomico lateralizzato.*

Elemento anatomico	Sinistri	Destri	Assiali
Neurocrani (di cui con parasfenoidi)			55 (46)
Frontali	32	37	
Parasfenoidi			57
Capsule ottiche (non lateralizzate)	(196)		
Premascellari	74	76	
Mascellari	61	51	
Dentali	61	53	
Articolari	43	44	
Ceratoiali	18	23	
Preopercolari	72	74	
Opercolari	89	76	
Subopercolari	65	55	
Postopercolari	54	67	
Cleitri	94	95	
Pinne pelviche	61	68	
Prime vertebre			45
Vertebre toraciche			721
Vertebre caudali			756
Urostili			23

Come spiegare tale discrepanza? Una spiegazione possibile potrebbe essere la conservazione differenziale degli elementi anatomici ma tale ipotesi è contraddetta dal fatto che, contrariamente alle aspettative, gli elementi più abbondanti nel campione sono anche quelli più fragili, quali i neurocrani ancora in connessione, i parasfenoidi e le delicatissime capsule ottiche, mentre elementi più compatti, come le prime vertebre, sono scarsissimi. Una spiegazione alternativa potrebbe essere la selezione a monte delle parti anatomiche, ovvero un utilizzo, nella preparazione della conserva, di alcune solo delle parti dei pesci. Tale ipotesi potrebbe essere confermata dalla sovrabbondanza di alcune parti rispetto ad altre. Tuttavia, se si prendono in considerazione i differenti complessi ossei, si nota che gli elementi del neurocranio (parasfenoidi, neurocrani interi, frontali e capsule ottiche) indicano un Numero Minimo di Individui (NMI) di 103 (dai parasfenoidi); gli elementi del complesso orale (premascellari, mascellari, dentali e articolari) danno un NMI di 76 (dai premascellari) come pure di 76 unità è il numero che emerge dagli elementi del complesso opercolare che protegge le branchie (preopercolari, opercolari, subopercolari, postopercolari); i cleitri del cinto delle pinne pettorali indicano 95 individui mentre le pinne pelviche indicano 68; le vertebre, infine, variano da un NMI di 23 per gli urostili (ultima vertebra che regge la pinna caudale), a 45 per le prime vertebre poste immediatamente dopo il cranio, a 64 per le vertebre toraciche e caudali. Tali dati indicano che, nella preparazione della conserva i cui resti sono stati analizzati, vennero impiegati pesci interi, non decapitati né privati di alcuna parte scheletrica. L'unica ipotesi che rimane per spiegare la discrepanza tra le parti anatomiche è una falsata rappresentatività dei materiali conservati presso il Laboratorio. Osservando la tabella 1 si può notare che gli elementi meno rappresentati non sono quelli più fragili né quelli appartenenti a particolari porzioni scheletriche ma quelli, come gli urostili, le piccolissime prime vertebre, i frontali e i ceratoiali, le cui dimensioni relative sono ridotte e la densità ossea maggiore. Tali elementi anatomici potrebbero aver subito un "effetto setaccio" nella massa dei resti precipitando verso il basso del deposito archeozoologico mentre nelle parti alte rimanevano gli elementi più leggeri (come le capsule ottiche) e di dimensioni maggiori (come i neurocrani) sebbene più fragili. Tale riflessione suggerisce che i materiali custoditi presso il laboratorio sono un campione raccolto in superficie di un insieme molto più vasto e impongono una certa cautela nell'interpretazione ulteriore dei dati. Ciononostante è lecito procedere con l'analisi dei dati tenendo conto dell'approssimata rappresentatività degli stessi.

Considerando il numero minimo di 103 individui emerso dal campione analizzato e tenendo conto che il campione stesso rappresenta il 20% in peso dell'insieme archeoittiologico preso in esame, si può dedurre che esso è costituito dai resti di almeno 515 zerri posti interi a fermentare.

5. DETERMINAZIONE DELLA TAGLIA

Su alcuni elementi anatomici sono state effettuate analisi osteometriche al fine di determinare approssimativamente il *range* di taglia del pescato. La lunghezza dei parasfenoidi (18-23 mm) e dei premascellari (9-11 mm) e l'altezza dei preopercolari (11-16 mm) e degli opercolari (11-15 mm) integri del campione è stata comparata con quella dei corrispondenti elementi anatomici della collezione di confronto personale. L'analisi ha rivelato che gli zerri impiegati a Pompei avevano una taglia compresa tra i 10 cm e i 13 cm di lunghezza.

6. DETERMINAZIONE DELL'ETÀ DI MORTE E DELLA STAGIONE DI PESCA

A differenza dei mammiferi, l'accrescimento osseo dei pesci non è limitato alla fase giovanile fino al raggiungimento della maturità sessuale ma è continuo e indefinito nel tempo. Nei mari caratterizzati da alternanza stagionale, inoltre, lo sviluppo del tessuto osseo è dipendente dalle condizioni ecologiche della stagione. Queste caratteristiche fanno sì che gli elementi scheletrici dei pesci mediterranei subiscano un accrescimento per aggiunta successiva di "strati" di tessuto osseo più o meno denso a seconda della stagione; ne consegue che è possibile, per l'archeozoologo, arrivare a determinare l'età di morte degli individui e, approssimativamente, la stagione in cui essa è avvenuta.

Tra i piccoli resti di zerri rinvenuti nell'"Officina del *Garum*" di Pompei sono stati presi in considerazione per questa analisi alcuni preopercolari, opercolari e vertebre, elementi anatomici sui quali più facilmente leggibili sono gli anelli di accrescimento. Lo studio al microscopio ottico di tali reperti ha rivelato che tutti i resti presi in considerazione appartengono ad individui intorno all'anno di età (solo la parte di accrescimento iniziale delle ossa appare formata in acque fredde) e che la loro morte è avvenuta quando le acque erano da tempo riscaldate, probabilmente nell'avanzata stagione estiva o all'inizio di quella autunnale; l'ultima parte di accrescimento delle ossa appare, infatti, ben sviluppata e a minor densità.

7. STATO DI CONSERVAZIONE

Un secondo dato che si può desumere dalla tabella 1 è l'eccezionale e abbondante preservazione degli elementi più fragili dello scheletro quali le sottilissime sfoglie ossee delle capsule ottiche, i rami ascendenti dei premascellari e le labilissime connessioni degli elementi dei neurocrani. Tale dato indica con certezza che i pesci conservati nell'"Officina del *Garum*" di Pompei non subirono alcun processo di intenso rimestamento o di compressione che potesse causare la rottura dei punti di fragilità nello scheletro dei pesci; se ne deduce che il prodotto era ancora in fase di fermentazione in attesa del raggiungimento della condizione finale.

Al fine di ricostruire con precisione quelli che erano, a Pompei, gli aspetti alieutici legati alla cattura degli zerri e i processi legati alla loro conservazione, è necessario, tuttavia, aver presente i caratteri ecologici della specie utilizzata e le conoscenze acquisite, dalle fonti e dall'archeologia, circa la natura e la produzione delle salse di pesce fermentato nel mondo classico, sulle quali molte idee confuse sono ancora diffuse.

8. *Spicara smaris*: ecologia di una specie comune.

La *Spicara smaris* (il comune zerro, in Campania chiamato "retunno" o "spicariello") è una specie pelagica comunissima nei mari italiani -e nel Mediterraneo in genere- i cui branchi, formati da numerosissimi individui, frequentano le acque dai 15 agli oltre 100 metri di profondità al di sopra di fondali sabbiosi e, quando sono in prossimità della costa, al di sopra delle praterie di posidonia[4].

La specie, come tutto il genere *Spicara*, è soggetta a ermafroditismo proteroginico: tutti gli individui sono femmine nella prima fase della vita fino al raggiungimento dei 15 cm di lunghezza mentre, superate queste dimensioni, ha luogo l'inversione sessuale che trasforma gli individui in maschi; ne consegue che la quasi totalità degli individui al di sotto di tale taglia sono femmine[5].

Il periodo riproduttivo va da Febbraio a Maggio e, in questo periodo, ha luogo una ridistribuzione degli individui all'interno del branco: le femmine, capaci di riprodursi già ad un anno di età, si concentrano nelle acque più superficiali mentre i maschi si spostano al livello inferiore dove divorano una gran quantità delle uova mentre scendono verso il fondo[6]. Tale particolare organizzazione dei grandissimi branchi di zerri, nel Golfo di Napoli chiamati "montoni", tende a permanere fino alla stagione autunnale.

Le abitudini fortemente gregarie degli zerri fanno sì che essi vengano catturati in grandi quantitativi in alcuni periodi dell'anno e, in particolare, lungo le coste campane, da metà Agosto a metà Ottobre, quando i branchi si approssimano alle coste, come i pescatori locali affermano.

Nel Golfo di Napoli, le aree dove avvengono le catture più cospicue, secondo i pescatori locali, sono al di sopra delle secche e sulle praterie a posidonia a ridosso della Penisola Sorrentina; aree poco distanti dalla costa vesuviana.

La pesca a tale specie viene effettuata principalmente per mezzo di reti a circuizione e sciabiche di vario tipo. Gli studi[7] effettuati dal Comitato Scientifico della Commissione Generale della Pesca per il Mediterrano della FAO nel Golfo Saronico, in Grecia, hanno dimostrato che gli zerri rappresentano la specie catturata con maggior abbondanza mediante la pesca con sciabiche da spiaggia e reti a strascico.

Le abbondanti catture degli zerri, le piccole dimensioni degli individui (i maschi adulti non superano i 20 cm di lunghezza[8]), che rendono assai velocemente deperibile il pescato, e la scarsa qualità delle carni, poco sode e ricche di spine, hanno favorito l'impiego di tecniche di conservazione per tale tipo di pescato; ancor oggi, ad esempio, in Turchia, è possibile trovare questi piccoli pesci in vendita già fritti e conservati in aceto per qualche giorno; non stupisce, di conseguenza, aver ritrovato tale specie come ingrediente principale del prodotto conservato nell'"Officina del *Garum*" di Pompei.

9. Il *garum* e le salse di pesce fermentato

Ma cosa si intende col termine *garum*? Il nome generico di *garum* viene oggi comunemente utilizzato per definire un insieme di prodotti di diversa composizione e consistenza: salse e paste ottenute mediante la fermentazione in salamoia, ad opera dei loro enzimi, di pesci interi o parti di essi[9]. Il *garum* era un esaltatore di sapidità altamente proteico molto apprezzato nell'antichità classica e poteva essere realizzato a partire da diverse specie di pesce - quali alici, sgombri, tonni, murene ed altri - che ne determinavano la qualità e il prezzo.

Apicio, il più noto gastronomo romano, nel *De re Coquinaria*, condiva con il *garum*, nella sua opera chiamato *liquamen*, gran parte dei suoi piatti[10]. L'apprezzamento del *garum* nel mondo antico derivava, probabilmente, dall'elevata concentrazione in esso di glutammato monosodico, una molecola presente nei tessuti degli organismi in due forme: legata ad aminoacidi in proteine complesse oppure libera. La forma libera del glutammato è responsabile dell'esaltazione del sapore degli alimenti vegetali e animali in cui è contenuta con diversa concentrazione. Alcuni cibi in cui tale effetto è particolarmente accentuato sono, ad esempio, i formaggi stagionati, i salumi, i funghi e i pomodori essiccati. Il confronto tra i principali esaltatori di sapidità moderni (presentato nella tabella 2) mostra come la concentrazione di glutammato monosodico sia particolarmente elevata nelle salse ottenute dalla fermentazione in salamoia di organismi marini, quali la pasta d'acciughe, diffusamente impiegata nel Mediterraneo, la salsa d'ostriche, molto apprezzata nella gastronomia cinese, e diverse salse, spesso preparate a partire da piccoli pesci azzurri, utilizzate nella cucina del sud-est asiatico (Nuoc-nam in Vietnam, Nam-plam in Thailandia)[11].

Il *garum* conteneva poi, oltre al glutammato, peptidi analoghi ai neuropeptidi, acidi grassi poliinsaturi (complesso "omega-3"), un complesso anti-ossidante protettore delle membrane cellulari, nonché vitamine A ed E.

TABELLA 2. *Glutammato libero nei condimenti.*

MG/100G

Pasta di acciughe	630
Dado da brodo	498
Salsa d'ostriche	900
Salsa di soja	782
Nam plam (salsa di pesce)	950

Il *garum* viene spesso immaginato come una salsa prodotta dalla putrefazione del pesce, un prodotto dal gusto inaccettabile per i palati moderni. Per comprendere pienamente l'importanza e il successo delle conserve di pesce nell'alimentazione sia antica che moderna e per dissolvere i pregiudizi circa il loro sapore è necessario accennare ai complessi processi biochimici ed enzimatici che conducono alla loro realizzazione.

Dopo la morte, i pesci, come ogni altro animale, vanno incontro ai processi di decomposizione la cui prima fase consiste nella autolisi: la degenerazione delle cellule e degli organi per processi chimici innescati da enzimi intracellulari[12]. La velocità dei processi autolitici cresce con l'aumentare della temperatura ambientale ma essi possono essere fermati se i tessuti vengono rapidamente congelati o disidratati.

In seguito alla degenerazione autolitica degli organi del tratto gastrointestinale, la flora batterica in esso ospitata si diffonde nel resto del cadavere avviando il processo detto putrefazione, seconda fase della decomposizione. L'attività batterica produce inizialmente gas come anidride solforosa, anidride carbonica, ammoniaca, metano etc., e prosegue con la distruzione delle proteine muscolari e la produzione di composti amminici tossici quali la cadaverina e la putrescina[13].

La salagione vera e propria, quella utilizzata per produrre pesce e carne salata, produce una disidratazione dei tessuti bloccandone l'autolisi ma necessita di elevate quantità di cloruro di sodio (NaCl). Un ambiente a minore seppur elevata salinità - come, ad esempio, una salamoia al 10-20% di NaCl - non ostacola l'avanzamento dei processi autolitici ma è sufficiente ad impedire l'inizio della putrefazione impedendo lo sviluppo batterico. Il risultato della decomposizione in salamoia, dopo qualche tempo, porta alla formazione di un liquido perfettamente commestibile, spesso ambrato, assai salato e ricco di proteine, iodio e fluoro, con istadine e vitamine A e D. A questo liquido si può dar nome di *garum*. Si ottiene inoltre una sostanza pastosa (lat. *allec*), pure molto salata, anch'essa dalle ottime proprietà nutrizionali[14].

10. LE ORIGINI DEL *GARUM*

Originariamente realizzato con una specie ittica non ben identificata, il cui nome greco era *garos* (da cui il nome della salsa, *garon*, in gre-

co)[15], il *garum* romano era prodotto a partire da diversi tipi di pesce; Isidoro di Siviglia afferma "*ex infinito genere pisciorum*"[16]. Le qualità più apprezzate si ottenevano dal pesce azzurro: dallo sgombro (*Scomber scombrus*, Linnaeus 1758) si ricavava il più pregiato *garum nigrum*, col tonno (*Thunnus thynnus*, Linnaeus 1758) si produceva il *muria*[17], ma anche le alici (*Engraulis encrasicholus*, Linnaeus 1758) erano alla base di una pregiata qualità di *garum*. Proprio con l'alice sarebbe, secondo alcuni autori, identificabile il *garos* greco[18]. Plinio, infatti, afferma che il prisco *garum* fu prodotto a partire da "un pesciolino insignificante e piccolissimo" dai Greci chiamato "*aphye*", ovvero l'acciuga[19]. Tantissime altre specie di pesce, tuttavia, tra le quali murene, anguille e cefali furono utilizzate per produrre *garum*, realizzato talvolta facendo fermentare assieme specie diverse.

Altre volte, il *garum* veniva prodotto con le sole interiora di pesce, quali quelle, abbondanti, dei tonni o degli sgombri, mescolando le viscere e l'apparato branchiale, col sangue e la grassa fascia addominale[20]; di tale prodotto, chiamato *haimation*, ci è giunta recentemente un'importante attestazione archeozoologica da scavi in Giordania[21].

Proprio nel riciclo di parti di scarto dell'attività ittica, quali le interiora, il sangue e le parti grasse dei pesci, nonché dei pesci più piccoli e più difficilmente conservabili, utilizzati interi, sembra potersi ricercare l'origine di questo prodotto.

La nascita della salamoia di pesce nel Mediterraneo orientale, precedente la diffusione nel mondo romano, è dunque ricollegabile alla necessità di conservare enormi quantità di pescato, facilmente deperibile, durante i lunghi viaggi per l'approvvigionamento o l'esportazione[22].

La realizzazione di un *garum* interamente prodotto a partire dagli zerri, a Pompei, potrebbe ben inquadrarsi con questa esigenza di conservazione di grandi quantità di piccoli pesci catturati.

Presso i Greci, due erano i processi con cui il pesce veniva conservato: il *tarichos* (lat. *salsamentum*), che consisteva nella disidratazione di pesci -decapitati, eviscerati e macellati- mediante salagione e/o essiccazione al sole, e il *garon* (lat. *garum*), che prevedeva la fermentazione dei pesci in salamoia e consentiva un minor uso del sale rispetto alla salagione vera e propria[23].

Le più antiche fabbriche di *garon* sono segnalate a Corinto e a Delos, anche se questa salsa sarà in seguito diffusa soprattutto a Cartagine e a Roma[24].

La carenza di evidenze archeologiche nel Mediterraneo orientale rende ancora difficile attribuire e datare l'introduzione delle tecniche di salagione del pesce nel *Mare Nostrum*[25]. Il *garum* potrebbe essere stato introdotto dai Fenici già dal IX-VIII sec. a.C., forse importato direttamente dall'Oriente, o dai Greci, che potrebbero averlo conosciuto durante i loro viaggi di approvvigionamento lungo le coste del mar Nero, regione ricchissima di pesce, a partire dal VII sec. a.C.[26]. Nel mondo greco la più antica testimonianza archeologica risale alla metà del V sec. a.C. a Corinto[27].

Allo stesso periodo risalgono altri ritrovamenti fatti nella Penisola Iberica, come a Cadice, l'antica *Gades*, relativi a stabilimenti punici di lavorazione del pesce, che fiorirono nella città spagnola tra il 430 ed il 325 a.C. Alquanto significativa è la presenza in Spagna di centri il cui nome si ricollegava direttamente all'industria ittica, come Cetaria (oggi Getares) e Tarichea (oggi Tarifa)[28] nomi che ritornano in centri campani come Cetara sulla Costiera Amalfitana. Sull'origine dell'industria legata alla conservazione del pescato nell'importante centro iberico di Baelo Claudia si rimanda al recente lavoro di Arévalo González e Bernal Casasola[29].

Il mondo romano fu certamente influenzato dai due poli produttivi greco e punico, recependone la tecnica di lavorazione e la tipologia delle strutture entro cui essa avveniva. La richiesta di questo apprezzatissimo condimento salì enormemente presso i Romani e ciò favorì la nascita di veri e propri centri di produzione su scala industriale in diverse aree del Mediterraneo, del Mar Nero, lungo le coste iberiche sull'Atlantico e in Africa settentrionale[30]. Spesso tali centri erano strettamente associati alle aree di cattura dei tonni e alla necessità di conservazione dell'enorme quantità del pescato; non a caso molti centri dell'area dello stretto di Gibilterra – che sfruttavano indubbiamente la migrazione di questi pesci – rappresentarono tonni sulle loro monete[31].

11. Le strutture produttive

La lavorazione avveniva generalmente all'interno degli stessi stabilimenti di pesca, in apposite vasche di fermentazione rivestite di *opus signinum* (dette *taricheai* in Greco o *cetariae* in Latino). Esse erano di norma a pianta quadrata o rettangolare, con spigoli arrotondati, che garantivano una struttura più solida facilitando la circolazione dell'acqua e le operazioni di pulitura ma esistevano anche vasche di forma cilindrica; variavano di dimensione a seconda dell'utilizzo: quelle più grandi venivano destinate ai processi di salagione della carne di pesce, mentre quelle più piccole erano finalizzate alla produzione del *garum*.

Le vasche, a seconda della morfologia del litorale, erano localizzate sulla spiaggia, costruite in *opus caementicium* rivestito di cocciopesto, o su promontori antistanti il litorale, scavate nella roccia; oppure anche in città, in particolari edifici appositamente destinati o convertiti a tale tipo di produzione[32].

Va rilevato come di norma queste strutture producessero insieme sia il pesce salato, che il *garum* e l'*allec*: infatti, generalmente, questi ultimi due costituivano dei prodotti secondari dell'industria della salagione[33].

12. La salagione e i processi di produzione del *GARUM*

La lavorazione del *garum* durava circa due o tre mesi al calore del sole, ma poteva essere accelerata grazie al calore artificialmente indotto da fornaci[34].

Il sale marino era indispensabile per il funzionamento delle industrie di produzione del *garum* e la quantità che necessitava era pari a quella del pesce. Per tale motivo gli impianti sorgevano generalmente in prossimità delle saline[35].

Nel I sec. d.C. Columella, nel *De re rustica*, dopo aver descritto la tecnica della conservazione tramite salagione della carne di maiale, afferma che essa era simile a quella utilizzata per il pesce: "… *Poi la carne si fa in pezzi del peso di una libbra; si prende quindi una giara/barile*[36] *e sul fondo si dispone uno strato di sale torrefatto e appena spezzettato: vi si dispongono poi i pezzi di carne in modo che stiano molto stretti e a ciascuno strato si sovrappone del sale. Quando si sarà arrivati all'orlo della giara/barile, l'ultima parte si riempie di sale e si copre il recipiente ponendovi sopra dei pesi. Di questa carne si prenda pure continuamente; si conserva nella sua salamoia come il pesce sotto sale*"[37].

Il *garum* veniva prodotto sia a scala industriale che a scala domestica[38]. Parallelamente alla produzione di massa in vasche, almeno in età imperiale, è attestata, infatti, quella in vaso. Gargilio Marziale (III sec. d.C.), nel *De medicina et de virtutae herbarum*, ne dà una descrizione: "*Si usino pesci grassi come salmoni, anguille, sardine e alici; quindi, a tali pesci, si uniscano sale ed erbe aromatiche come aneto, menta, coriandolo, levistico, puleggio e serpillo. Di queste erbe si disponga un primo strato nel fondo di un vaso. Si faccia, quindi, uno strato di pesci interi, se di piccole dimensioni, o a pezzi, se più grossi. Si copra con uno strato di sale spesso due dita e si ripeta l'operazione dei tre strati fino a che il vaso sia colmo. Si chiuda il vaso e si lasci macerare per sette giorni. Per altri 20 giorni si rimesti il tutto. Allora si raccolga il liquido che cola avendo cura di filtrarlo attraverso un panno*"[39].

Olle in ceramica comune, con una caratteristica resega interna al di sotto dell'orlo per accogliere il coperchio, si incontrano del resto nei contesti legati alla produzione di *garum* del Mediterraneo occidentale[40]. Da Cotta (Marocco) provengono numerosi di questi contenitori, di diametro compreso tra i 22 ed i 24 cm, a corpo cilindrico, databili fra il I sec. a.C. ed il III sec. d.C. Il loro uso viene messo in rapporto alla fabbricazione del *garum*, forse per facilitare la concentrazione della salsa mediante calore; a Cotta infatti sono stati rinvenuti impianti di trasformazione a caldo[41].

13. LE QUALITÀ E VARIETÀ DI *GARUM* NEL MONDO ROMANO

Nel I sec. d.C., il migliore *garum* era ritenuto il *garum sociorum,* prodotto in Spagna dalla macerazione degli sgombri[42], il cui costo era paragonabile solo a quello dei migliori profumi (con mille sesterzi se ne ottenevano quasi due congi, quantità equivalen-

te a circa sei litri)[43]. Marco Valerio Marziale (I sec. d.C.) decanta il lusso di un *garum* prodotto dal primo sangue sgorgato dagli sgombri appena uccisi, considerato un dono particolarmente gradito e sontuoso[44].

Un brano del Satyricon descrive la presentazione, nella famosa cena di Trimalcione, di una delle portate che suscitano maggior entusiasmo: "Trimalcione disse: «*Avanti mangiamo! Questo è il meglio della cena*». *Quattro schiavi* […] *tolsero il coperchio del vassoio che era comparso in tavola* […]. *Agli angoli del vassoio quattro statuette di Marsii versavano da piccoli otri garum piperatum* (pepato)"[45].

Il brano dimostra come il *garum* fosse non solo un condimento onnipresente nella gastronomia (ed evidentemente liquido), ma che il migliore fosse un vero e proprio *status symbol* di cui si faceva sfoggio nei più sfarzosi banchetti.

L'*Edictum de pretiis* di Diocleziano (301 d.C.), promulgato al fine di combattere l'inflazione dilagante nell'Impero, stabilì un tetto massimo per i costi del *garum*, distinguendo il *liquamen primum,* cui prezzo poteva raggiungere i sedici denari per sestario (circa 3072 sesterzi per anfora), dal *liquamen secundum,* di seconda scelta, che non doveva superare i dodici denari[46].

La qualità del *garum* dipendeva dalle specie utilizzate, dalle parti impiegate, ma anche dai processi di filtrazione che subiva. Al termine della macerazione, infatti, il *garum* veniva filtrato attraverso ceste e se ne ottenevano prodotti di diversa qualità: il *flos gari* ("fiore" di *garum*), limpido e ottenuto dal primo liquido colato e il *liquamen gari,* parte liquida di minor pregio e contenente parti solide, ottenuta dal filtraggio dei depositi più grossolani. Quest'ultimo termine, pur essendo originariamente distinto dal termine *garum*, a partire dal III

sec. d.C. viene usato genericamente per definire la salsa di pesce in salamoia[47].

A queste due qualità è da aggiungere il "*flos flos gari*", "fior fiore", del quale s'indicava sempre la specie utilizzata, in genere sgombro o tonno, nonchè la provenienza.

La pasta che si raccoglieva nei filtri, spesso contenente anche parti ossee dei pesci, era chiamata *allec* (con le varianti *hallec, hallex* o *allex*[48], termine che originariamente doveva significare "putredine" o "feccia". Essa rappresentava il prodotto più scadente, spesso dato come companatico agli schiavi[49]. L'*allec*, tuttavia, poteva anche derivare dalla produzione delle migliori qualità di *garum*; in tal caso, il prodotto risultante dal filtraggio dopo la macerazione di interiora, sangue o pezzi scelti di sgombro o tonno, era considerato pregiato e servito, condito con sale, pepe, feccia di vino e carote, allo scopo di stuzzicare l'appetito prima del pasto[50]. Esistevano, inoltre, anche per l'*allec*, varianti di lusso prodotte a partire da ostriche, uova di riccio di mare, ortiche di mare (probabilmente anemoni marine) e soli fegati di triglia[51].

A Pompei, il ritrovamento del fondo di una piccola olla riempito da un deposito di migliaia di minutissime ossa di pesce nella casa di Marco Fabio Rufo, attesta l'utilizzo di un *allec* realizzato a partire da alici decapitate prima della macerazione in salamoia o, altrimenti, di semplici alici salate[52].

Il garum migliore era ottenuto senza l'aggiunta di altri ingredienti, ma ne esistevano diverse varietà ottenute addizionandovi aceto (*oxygarum*), olio (*oleogarum*), vino (*oenogarum*), acqua (*hydrogarum*), miele (*melligarum/mellogarum*)[53]. Al pesce e al sale posti in macerazione venivano, inoltre, spesso aggiunte erbe aromatiche e spezie.

14. Conclusioni

Le analisi archeozoologiche effettuate attestano la produzione a Pompei di una conserva di pesce ottenuta da individui di *Spicara smaris* (zerri) come ingrediente fondamentale.

La monospecificità dell'insieme osteologico indica che tali pesci furono catturati mediante l'utilizzo di reti come le sciabiche calate a circuire i grandi branchi che questa specie forma. Tale pesca potrebbe ben essere stata realizzata nelle acque poco distanti da Pompei come quelle delle secche prospicienti l'area vesuviana o sulle praterie a posidonia prossime alla Penisola Sorrentina, aree in cui, ancor oggi, vengono catturate le maggiori quantità di zerri nel Golfo di Napoli.

I confronti osteometrici mostrano che la taglia degli individui impiegati era sempre al di sotto dei 13 cm di lunghezza. Tale dato indica che la quasi totalità del pescato era costituita da femmine; ipotesi confermata dallo studio dell'età di morte che emerge dall'analisi dell'accrescimento osseo; tutti gli individui considerati, infatti, non raggiungevano il secondo anno di vita e non avevano pertanto raggiunto la fase di inversione sessuale tipica della specie.

La cattura selettiva di femmine mediante una pesca con reti è spiegabile solo attraverso il fenomeno etologico della segregazione sessuale che s'ingenera nei branchi di *Spicara smaris* nel periodo riproduttivo e nei mesi immediatamente successivi e che porta le femmine (più piccole e di minori dimensioni) a concentrarsi nelle acque meno profonde mentre i maschi migrano verso i livelli inferiori del branco. Tale organizzazione dei branchi di zerri si mantiene da Febbraio a Maggio e perdura per i mesi estivi fino a tutto Agosto. Il periodo in cui collocare la cattura degli zerri rinvenuti a Pompei è pertanto riconducibile a tale intervallo. Lo studio della stagione di pesca effettuato sui resti, tuttavia, ha dimostrato che la cattura avvenne nell'avanzata stagione estiva o inizio autunnale, in acque ormai calde. Tale dato è in armonia con quanto sostenuto dai pescatori locali che affermano che le catture più cospicue di zerri avvengono da metà Agosto a metà Ottobre, quando i branchi si approssimano alle coste.

Il confronto dei dati induce a indicare nella seconda metà della stagione estiva (Agosto-Settembre) il periodo più probabile in cui avvenne la cattura degli zerri pompeiani.

Il calcolo del Numero Minimo di Individui permette di affermare che i reperti archeoittiologici oggetto delle analisi rappresentano i resti di oltre cinquecento zerri. Il conteggio degli elementi anatomici, tuttavia, ha dimostrato che il materiale considerato, conservato presso il Laboratorio di Scienze Applicate, rappresenta solo un campione raccolto in superficie di un insieme osteologico più vasto e ciò non permette di verificare quanti pesci furono in realtà posti a macerare al momento della preparazione iniziale. Lo stesso conteggio consente, comunque, di affermare che tali pesci furono posti a macerare interi: non decapitati né privati della lisca.

Un'ulteriore riflessione che si può fare sui dati archeozoologici di Pompei riguarda il tipo di prodotto rappresentato dai resti dell'"Officina del *Garum*". Il contesto archeologico sembra confermare l'ipotesi di una produzione di salse di pesce fermentato in salamoia, sebbene, come già accennato, esistessero, nel mondo romano, vari modi per la conservazione del pesce.

L'impiego di piccoli pesci, di scarsa qualità e catturati in abbondanza, come gli zerri, sembra ben corrispondere alla produzione di salse di pesce di qualità non pregiata ottenute mediante fermentazione in salamoia, sebbene la salagione semplice degli animali interi (*salsamenta*) non si possa del tutto escludere.

La perfetta conservazione dei resti, anche degli elementi più fragili, suggerisce che la conserva di pesce fosse ancora nelle fasi iniziali della fermentazione, precedenti di sicuro alla filtrazione e probabilmente anche al rimestamento previsto dalla ricetta di Gargilio Marziale[54]. Lo stesso autore considera sufficiente un mese per la preparazione del *garum* a scala domestica in vaso mentre altri autori[55] parlano di due o tre mesi di fermentazione necessari alla la realizzazione del prodotto da filtrare.

La distruzione di Pompei precedette il processo di filtrazione del macerato che avrebbe portato alla produzione da un lato di una salsa liquida, dall'altro di una pasta cremosa di più scarso valore.

È da notare come la data di fine Agosto tradizionalmente associata alla catastrofe vesuviana sia perfettamente in armonia con i risultati ottenuti dalle analisi archeozoologiche: i pesci catturati nella seconda metà dell'estate potevano essere nelle prime fasi della fermentazione al 24 di Agosto e ciò ben si accorderebbe con la perfetta conservazione delle parti più fragili. In ogni caso, se la data precisa dell'eruzione non fosse stata conosciuta dalle fonti, le analisi archeozoologiche avrebbero indicato un periodo compreso tra Agosto e il pieno autunno; se anche gli zerri fossero stati catturati in settembre, infatti, la loro macerazione sarebbe stata completa dopo due-tre mesi.

Fin qui i dati che è stato possibile ottenere dalle sole analisi archeozoologiche. Il presente lavoro vuole rappresentare, tuttavia, uno stimolo ad intraprendere ulteriori ricerche sul *garum* pompeiano. Alcune questioni su tale tema rimangono, infatti, ancora irrisolte.

Le fonti riportano un frequente utilizzo di erbe e spezie nella produzione del *garum*. Nell'"Officina del *Garum*" di Pompei vennero impiegati altri ingredienti insieme agli zerri?

Le fonti descrivono Pompei come uno dei più importanti centri di produzione del *garum* e i dati archeologici hanno dimostrato che i grandi centri di produzione industriale del *garum* erano organizzati con grandi e complessi sistemi di vasche. Esistevano a Pompei aree del genere? E se esistevano dove erano localizzate?

Se esisteva un polo industriale per la produzione di salse di pesce fermentato, perché all'interno della ricca città vesuviana esisteva una realtà economica come l'"Officina del *Garum*" di certo non riconducibile ad una produzione a scala familiare ma nemmeno ad una scala industriale?

Se Pompei veniva considerata uno dei centri di esportazione del migliore *garum*, perché all'interno dell'"Officina del *Garum*" questa salsa era realizzata con pesci comunissimi e di scarsa qualità, come i dati archeozoologici dimostrano?

A tali domande solo un lavoro multidisciplinare e sinergico potrà fornire una risposta. Si auspica che indagini palinologiche e archeobotaniche sui resti di *garum*, analisi chimiche sui composti assorbiti dalle pareti ceramiche contenenti i resti, ricerche geoarcheologiche sul territorio pompeiano e lo studio delle ceramiche e della loro distribuzione nell'"Officina del *Garum*" possano in un prossimo futuro esser condotte per contribuire, insieme alle analisi archeozoologiche qui presentate, alla ricostruzione dello sfruttamento delle risorse marine a Pompei e alla conoscenza sulle salse di pesce fermentato il cui ruolo era centrale nell'alimentazione romana.

RINGRAZIAMENTI

Un sentito ringraziamento va all'amico e collega Umberto Savarese per l'importante contributo fornito nella raccolta delle fonti sul *garum* e nella rielaborazione dei dati bibliografici.

*alcarann@yahoo.it

NOTE

[1] Plin., *Nat. Hist.*, XXXI, 94.

[2] CURTIS 1979, p. 6.

[3] L'insieme archeoittiologico preso in esame è registrato col numero di inventario 12963 e riporta l'anno d'immissione 1960 e la provenienza "Officina del Garum degli Ombricii".

[4] TORTONESE 1975, pp. 130-132.

[5] TORTONESE 1975, p. 125.

[6] TORTONESE 1975, p. 124.

[7] KARLOU-RIGA–ANASTOPOLOU 2005.

[8] TORTONESE 1975, pp. 130-132.

[9] Molte delle informazioni contenute in questo paragrafo sono state oggetto di una presentazione al IV Convegno Nazionale di Etnoarcheologia (Roma, 17-19 Maggio 2006). Il relativo articolo è in attesa di pubblicazione negli Atti del Convegno (CARANNANTE–GIARDINO–SAVARESE cds.).

[10] Apic., *De re coquin.*

[11] YAMAGUCHI–NINOMIYA 2000, p. 24.

[12] CANCI–MINOZZI 2005, p. 56.

[13] CANCI–MINOZZI 2005, p. 56.

[14] THURMOND 2006, pp.223-224.

[15] Plin., *Nat. Hist.*, XXXI, 93 ss.

[16] Isid. Hispal., *Etym. sive orig. libri XX*, III, 19-20.

[17] Mart., *Xen.*, XIII, 103.

[18] DOSI–SCHNELL 1986, p. 22.

[19] Plin., *Nat. Hist.*, XXXI, 95.

[20] DALBY–GRAINGER 1996, p. 78

[21] VAN NEER–PARKER 2008.

[22] GIACOPINI–MARCHESINI–RUSTICO 1994, p. 16.

[23] CURTIS 1991, pp. 6-15; GIACOPINI–MARCHESINI–RUSTICO 1994, p. 14; CURTIS 2001, p. 317.

[24] AMOURETTI 1996, p. 139.

[25] CURTIS 2001, p. 318.

[26] CURTIS 2001, p. 320.

[27] KAUFMAN WILLIAMS II 1979, pp. 111, 117-118.

[28] DE FRUTOS–CHIC–BERRIATUA 1988, pp. 300-302; MUNOZ VICENTE–DE FRUTOS REYES–BERRIATUA HERNANDEZ 1989, pp. 502-508; RUIZ GIL 1987, pp. 1211-1214; CURTIS 1991, pp. 46-64.

[29] ARÉVALO GONZÀLES–BERNAL CASASOLA 2006.

[30] Numerose opere sono state pubblicate di recente sui centri di salagione di età classica, tra tutte si vedano: BERNAL CASASOLA–ARÉVALO GONZÀLES 2007; LAGÒSTENA BARRIOS–BERNAL CASASOLA–ARÉVALO GONZÀLES 2006.

[31] RIPOLI–LOPEZ 1989, pp. 483-486; GIACOPINI–MARCHESINI–RUSTICO 1994, p. 16; PEPE 2006, p. 20.

[32] GIACOPINI–MARCHESINI–RUSTICO 1994, p. 10; CURTIS 2001, pp. 412-413.

[33] THURMOND 2006, pp. 224-226.

[34] *Geopon.*, XX, 46, 5-6; PONSICH–TARRADELL 1965, p. 103; PURPURA 1982, p. 48; ROMITO 1993, p. 18.

[35] PONSICH 1988, pp. 44-48; CURTIS 2001, p. 413; THURMOND 2006, p. 225; LAGÒSTENA BARRIOS 2007, pp. 277-281.

[36] Il termine "*seria*", utilizzato da Columella nel passo citato, può essere tradotto sia con "giara" che con "barile".

[37] Colum., *De re Rust.*, XII, 55, 4.

[38] SOLOMON 1995, p. 121.

[39] Garg. Mart., *De med. et de virt. herbarum*, LXII; ANDRÉ 1981, p. 196.

[40] PONSICH 1988, p. 61, fig. 20.

[41] PONSICH–TARRADELL 1965, p. 57-68, fig. 40; PONSICH 1988, p. 61.

[42] Plin., *Nat. Hist.*, XXXI, 94; Mart., *Xen.*, XIII, 102.

[43] Plin., *Nat. Hist.*, XXXI, 94.

[44] Mart., *Xen.*, XIII, 102.

[45] Petr., *Sat.*, VI.

[46] Edictum Dioclet. 3, 6, 7 in *CIL* III, Suppl., p. 1931; LA ROCCA–DE VOS 1976, p. 236.

[47] CURTIS 1991, p. 177; CURTIS 2001, p. 405.

[48] CURTIS 1991, p. 7; GIACOPINI–MARCHESINI–RUSTICO 1994, p. 18; CURTIS 2001, p. 405.

[49] Plin., *Nat. Hist.*, XXXI, 95; ANDRÉ 1981, pp. 115-116; DOSI–SCHNELL 1986, p. 24, 91; GIACOPINI–MARCHESINI–RUSTICO 1994, p. 16.

[50] DOSI–SCHNELL 1986, p. 22.

[51] Plin., *Nat. Hist.*, XXXI, 95.

[52] CARANNANTE–CHILARDI–DELLA VECCHIA cds.

[53] ZAHN 1910, pp. 844-847; GIACOPINI–MARCHESINI–RUSTICO 1994, p. 18; DALBY 2003, p. 157.

[54] Garg. Mart., *De med. et de virt. herbarum*, LXII.

[55] *Geopon.*, XX, 46, 5-6; PONSICH–TARRADELL 1965, p. 103; PURPURA 1982, p. 48; ROMITO 1993, p. 18.

BIBLIOGRAFIA

AMOURETTI 1996 = M. C. AMOURETTI, *Villes et campagnes greques*, in J. L. FLANDRIN, M. MONTANARI (éds.), *Histoire de l'alimentation*, Paris 1996, pp. 133-150.

ANDRÉ 1981 = J. ANDRÉ, *L'alimentation et la cuisine à Rome*, Paris 1981.

ARÉVALO GONZÁLEZ–BERNAL CASASOLA 2006 = A. ARÉVALO GONZÁLEZ, D. BERNAL CASASOLA, *Los orìgenes del la industria pesquero-conservera en Baelo Claudia (ss. II-I a.C.)*, in L. LAGÓSTENA BARRIOS, D. BERNAL CASASOLA , A. ARÉVALO GONZÁLEZ (eds.), *Cetariae. Salsas y salazones de pescado en Occidente durante la Antigüedad*, Actas del congreso internacional (Cádiz, 7-9 de noviembre de 2005), BAR Int. Ser. (1686), 2006.

BERNAL CASASOLA–ARÉVALO GONZÁLEZ 2007 = D. BERNAL CASASOLA, A. ARÉVALO GONZÁLEZ (eds.), *Las cetariae de Baelo Claudia: avance de las investigaciones arqueológicas en el barrio meridional (2000-2004)*, Cádiz 2007.

CANCI–MINOZZI 2005 = A. CANCI, S. MINOZZI, *Archeologia dei resti umani*, Roma 2005.

CARANNANTE–CHILARDI–DELLA VECCHIA cds. = A. CARANNANTE, S. CHILARDI, M. DELLA VECCHIA, *Resti archeozoologici dalla casa pompeiana di Marco Fabio Rufo: risultati preliminari*, in *Atti del V Convegno Nazionale di Archeozoologia* (Rovereto, 10-12 Novembre 2006), in stampa.

CARANNANTE–GIARDINO–SAVARESE cds. = A. CARANNANTE, C. GIARDINO, U. SAVARESE, *In Search of Garum. The "colatura d'alici" from the Amalfitan Coast (Campania, Italy): an Heir of the Ancient Mediterranean Fermented Fish Sauces*, in *Proceedings of the 4th Italian Congress of Ethnoarchaeology*, (Rome, 17-19 May 2006), in stampa.

CURTIS 1979, = R.I. CURTIS, *The garum shop of Pompeii*, in *CronPomp* 31, 1979, pp. 5-23.

CURTIS 1991 = R.I. CURTIS, *Garum and salsamenta. Production and commerce in materia medica*, Leiden-New York 1991.

CURTIS 2001 = R.I. CURTIS 2001, *Ancient food technology*, Leiden-New York 2001.

DALBY–GRAINGER 1996 = A. DALBY, S. GRAINGER, *The Classical Cookbook*, London 1996.

DALBY 2003 = A. DALBY, *Food in the Ancient World from A to Z*, London-New York 2003.

DE FRUTOS–CHIC–BERRIATUA 1986 = G. DE FRUTOS, G. CHIC, N. BERRIATUA 1986, *Las anforas de la factoria prerromana de salazones de 'Las Redes' (Puerto de Santa Maria, Cádiz)*, in G. PEREIRA MENAVT (ed.), *Actas 1 Congreso Peninsular de Historia Antigua*, pp. 295-30.

DOSI–SCHNELL 1986 = A. DOSI, F. SCHNELL, *I Romani in cucina*, Roma 1986.

GIACOPINI–MARCHESINI–RUSTICO 1994 = L. GIACOPINI, B.B. MARCHESINI, L. RUSTICO, *L'itticoltura nell'antichità*, Roma 1994.

KAUFMAN WILLIAMS II 1979 = C. KAUFMAN WILLIAMS II, *Corinth, 1978, Forum Southwest*, *Hesperia* 48 (2), 1979, pp. 105-144.

KARLOU-RIGA–ANASTOPOULOU 2005 = C. KARLOU-RIGA, I. ANASTOPOULOU, *Stock Assessment of Picarel (Spicara smaris) Exploited by Trawlers and Beach Seines in the Saronikos Gulf*, Report of the Meeting of the 7th Session of the Sub-Committee on Stock Assessment (Rome, 26-30 September 2005), Rome 2005.

LAGÓSTENA BARRIOS 2007 = L. LAGÓSTENA BARRIOS, *Sobra la elaboraciòn del garum y otros producos piscìcolas en las costas Béticas*, in *Mainake* 29, 2007, pp. 277-281.

LAGÓSTENA BARRIOS–BERNAL CASASOLA–ARÉVALO GONZÁLEZ 2006 = L. LAGÓSTENA BARRIOS, D. BERNAL CASASOLA, A. ARÉVALO GONZÁLEZ (eds.), *Cetariae. Salsas y salazones de pescado en Occidente durante la Antigüedad*. Actas del congreso internacional (Cádiz, 7-9 de noviembre de 2005), **BAR** Int. Ser., Oxford 2006.

LA ROCCA–DE VOS 1996 = E. LA ROCCA, A. DE VOS, *Pompei*, Milano 1996.

MONTANARI 1996 = M. MONTANARI, *Modéles alimentaires et identités culturelles*, in J.L. FLANDRIN, M. MONTANARI (éds.), *Histoire de l'alimentation*, Paris 1996, pp. 319-324.

MUNOZ VICENTE–DE FRUTOS REYES–BERRIATUA HERNANDEZ 1989 = A. MUNOZ VICENTE, G. DE FRUTOS REYES, N. BERRIATUA HERNANDEZ, *Contribución a los orígines y difusión comercial de la industria pesquera y conservera Gaditana a través de la recientes aportaciones de las factorías de salazones de la Bahía de Cadiz*, in E. RIPOLL, PERELLÓ (eds.), *Actas del Congreso Internacional «El Estrecho de Gibraltar»*, I (Ceuta, 1987), Madrid 1989, pp. 487-508.

PEPE 2006 = C. PEPE, *I nomadi del mare*, in C. PEPE (a cura di), *Rotte dei tonni e luoghi delle tonnare nel Mediterraneo dalla preistoria a oggi*, Napoli 2006, pp. 11-28.

PONSICH 1988 = M. PONSICH, *Aceite de oliva y salazones de pescado: factores geoeconómicos de Bética y Tingitania*, Madrid 1988.

PONSICH–TARRADELL 1965 = M. PONSICH, M. TARRADELL, *Garum et industries antiques de salaison dans la Méditerranée occidentale*, Paris 1965.

PURPURA 1982 = G. PURPURA, *Pesca e stabilimenti antichi per la lavorazione del pesce in Sicilia: S. Vito (TR), Cala Minnola (Levanzo)*, in *SicA* 15, 1982, pp. 45-60.

RIPOLL LÓPEZ 1989 = S. RIPOLL LÓPEZ, *El atún en las monedas antiguas del Estrecho y su simbolismo económico y religioso*, in RIPOLL, PERELLÓ (eds.), *Actas del Congreso Internacional «El Estrecho de Gibraltar»*, I, (Ceuta 1987), Madrid 1989, pp. 481-486.

ROMITO 1993 = M. ROMITO, *Cetaria: un antico stabilimento per la lavorazione del pesce*, in *Rassegna del Centro di Cultura e Storia amalfitana* XIII, 1993, pp. 17-24.

RUIZ GIL 1987 = J.A. RUIZ GIL, *Cronología de las factorías de salazones púnica de Cádiz*, in *Atti del II Congresso Internazionale di Studi Fenici e Punici* (C.N.R., Roma 1987), 3, pp. 1211-1214.

SOLOMON 1995 = J. SOLOMON, *The Apícían Sauce. Ius Apícianum*, in J. WILKINS, D. HARVEY, M. DOBSON (eds.), *Food in Antiquity*, Exeter 1995, pp. 115-131

THURMOND 2006 = D.L. THURMOND, *A Handbook of Food Processing in Classical Rome. For her bounty no Winter*, Leiden-Boston 2006.

TORTONESE 1975 = E. TORTONESE, *Osteichtyes*, Bologna 1975.

VAN NEER–PARKER 2008 = W. VAN NEER, S.T. PARKER, *First archaeozoological evidence for* haimation, *the 'invisible'* garum, in *Journal of Archaeological Science* 35 (7), 2008, pp. 1821-1827.

YAMAGUCHI– NINOMIYA 2000 = S. YAMAGUCHI, K. NINOMIYA, 2000, *Umami and Food Palatability*, in *Journal of Nutrition* 130, 2000, pp. 21-26.

ZAHN 1910 = R. ZAHN, s.v. "Garum", in G. WISSOWA, W. KROLL (Hrsg.), *Paulys Real-Encyclopädie der klassischen Altertumswissenschaft*, Stuttgart 1910, pp. 841-849.

I *pictores* della *domus* di D. Octavius Quartio in Pompei

di

Ernesto De Carolis* - Francesco Esposito - Claudio Falcucci - Diego Ferrara

ABSTRACT

The house od D. Oct. Quartius in Pompeii has revealed a complex and interesting painting apparatus. Single elements of the painting decoration testify to a precise decorative program, chosen by the owner of th house to underline his culture and education. Focusing on the analysys of many details of the painting, the authors opinion is that a unique pictor *painted the walls of the* triclinium *"H" as well as those of the terrace with frame-work. Moreover, the painting technique analysys has shown the presence of preparatory sketches in the decoration of the walls of* triclinium *"H" representing the stories of Laomedon.*

> "Ed è qui che l'artista di eccezione, giunto al termine dell'opera sua, poi che non può pensarsi altrimenti, ha segnato sul rosso piano destro del biclinio il suo nome di Lucio: ‹Lucius pinxit›, con tal prenome, evidentemente a modo dei nostri grandi artisti, essendo egli noto"
>
> SPINAZZOLA 1953, p. 304

1. INTRODUZIONE

La casa di *D. Octavius Quartio* (II, 2, 2) venne scoperta da Vittorio Spinazzola tra il 1919 ed il 1922[1] nel quadro delle campagne di scavo per riportare alla luce l'intera via dell'Abbondanza che collegava il Foro di Pompei con l'Anfiteatro edificato a ridosso della cinta muraria[2].

L'abitazione è caratterizzata dall'aspetto sia di un'agiata *domus* urbana che di un'oziosa dimora suburbana. Le strutture murarie del prospetto della Casa sulla via e l'altezza delle porte del settore dell'atrio la identificano come una abitazione almeno in parte edificata nel periodo sannitico. In origine l'abitazione era unita al civico n. 4 formando così un unico ampio complesso con due atri fino

alla separazione in seguito ad una successiva ristrutturazione, avvenuta nel corso del I secolo d.C., che comportò in particolare l'allargamento con un giardino, ampio quasi quanto l'intera *Insula*, preceduto dal lato del quartiere abitativo da una terrazza con pergolato ed euripo orizzontale. Mediante alcuni gradini si scendeva poi nel giardino di forma rettangolare percorso per quasi tutta la sua lunghezza da un altro euripo centrale. Non possiamo escludere che almeno una parte di queste ristrutturazioni furono determinate dal disastroso terremoto del 62 d.C. e dalle successive scosse sismiche[3]. Questi eventi determinarono sicuramente la ricostruzione dei muri perimetrali sud ed ovest, eseguiti in opera incerta con elementi in calcare e lava pro-

venienti da precedenti demolizioni, mentre era rimasto immune il solo muro est realizzato esclusivamente con scaglie di lava vulcanica[4].

Se al momento dell'eruzione le opere murarie danneggiate dall'instabilità sismica erano state per lo più terminate altrettanto non possiamo dire per gli apparati decorativi pittorici.

Le pareti dell'atrio risultano infatti rivestite dall'intonaco di preparazione come anche le colonne dei due tempietti posizionati lungo gli euripi dove era stata terminata solo la decorazione dei frontoni.

Alcuni settori della Casa furono inoltre interessati da scavi posteriori per il recupero di materiali pregiati o riutilizzabili come dimostra il rinvenimento fin nello strato di cenere di numerosi frammenti di terracotta invetriata relativi alle statuine posizionate nel giardino del piccolo peristilio[5] (G). Non abbiamo invece elementi per sostenere l'ipotesi di una asportazione di quattro delle sei statue in marmo posizionate su basi in muratura del pergolato e di quelle usate come getto di fontana nell'impluvio dell'atrio in quanto la loro mancanza, in assenza di dati di scavo pertinenti, potrebbe essere relativa sempre alla non ultimazione dei lavori nella Casa[6].

Gravi danni furono poi arrecati alla Casa nel corso del bombardamento di Pompei del 16 Settembre del 1943[7] da parte dell'aviazione alleata che causò la distruzione dei tre ambienti del lato ovest dell'atrio con il muro perimetrale corrispondente e il danneggiamento della parete sud e del soffitto del Sacello isiaco (F).

La Casa si affaccia su via dell'Abbondanza e presenta il corridoio di ingresso con i calchi dei due alti battenti della porta ornati da borchie in bronzo. Ai lati sono due botteghe, comunicanti con l'atrio, dotate di scale per salire al piano superiore presentante due loggiati sul fronte strada e alcuni ambienti disposti sia ai lati dell'atrio tuscanico che affacciati sul giardino posteriore della casa. L'atrio, dotato di cubicoli sui lati est ed ovest, presenta un *impluvium* trasformato nell'ultima fase edilizia in una vasca da fontana circondata da un doppio muretto per contenere fiori e piante ornamentali. Di particolare interesse l'ambiente n. 3 sul lato est caratterizzato da un piccolo forno per la cottura del vasellame che lo identifica come uno spazio lavorativo per uso interno o forse legato ad attività economiche del proprietario.

Dalla parete sud dell'atrio si accede direttamente in un piccolo peristilio (G), con un modesto spazio verde, sul quale si aprono

due cubicoli (D, E) ed un ampio triclinio (H). Il pergolato, caratterizzato da un euripo orizzontale con al centro un tempietto preceduto da getti di fontana disposti a semicerchio, presenta sul lato ovest il Sacello isiaco (F) e sul lato est un biclinio con i letti in muratura disposti ai lati di un ninfeo ad edicola.

Lo spazio verde, ad un livello inferiore rispetto all'area abitativa della *domus,* presenta un lungo euripo centrale, collegato al superiore all'altezza del tempietto, con ai lati un viale pergolato. Al centro è una fontana piramidale seguita nel tratto successivo verso l'ingresso secondario della Casa da un tempietto e da una vasca rettangolare. All'esterno del viale pergolato del lato est, all'altezza della fontana piramidale, si rinvenne un tavolo marmoreo con due sostegni laterali[8].

L'eruzione del 79 d.C.[9] nella sua prima fase di fall out interessò tutti gli spazi aperti dell'abitazione coprendo completamente il pergolato ed il giardino fino ad una altezza di m 2,80 mentre l'atrio si riempì solo parzialmente attraverso l'apertura del compluvio. Probabilmente alcune strutture durante questa fase hanno ceduto, per il peso delle pomici e per le scosse sismiche che accompagnarono l'eruzione, come è ben evidenziato dalle colonne del peristilio, grazie ad alcune foto eseguite in fase di scavo, che risultano conservate solo nella loro parte più bassa mentre la superiore fu trovata in crollo nello strato di pomici. I maggiori danni subiti dalle strutture furono sicuramente causati dalla seconda fase eruttiva caratterizzata dal violento sopraggiungere delle colate piroclastiche (surges) che procurarono la distruzione del piano superiore dell'abitazione, in quanto fuoriusciva dallo strato di pomici, e l'abbattimento non solo delle parti alte delle mu-

rature degli ambienti del pianterreno ma anche di alcune delle pareti trasversali rispetto alla direzione di arrivo dei flussi dal Vesuvio come nel triclinio (H) dove crollò gran parte del lato nord fino all'altezza dello zoccolo della decorazione pittorica.

Per quanto riguarda l'ultimo proprietario della dimora si tende, pur con qualche margine di dubbio, ad identificarlo, seguendo la proposta dello Spinazzola, in *D. Octavius Quartio* per il rinvenimento nel vano 3 di un sigillo bronzeo con inciso il suo nome ed un fiore mentre viene ritenuta del tutto superata l'ipotesi di identificarlo in *Loreius Tiburtinus* avallata dal Della Corte[10].

All'interno della Casa non sono state rinvenute vittime dell'eruzione mentre solo un gruppo di tre corpi è tornato alla luce nella via all'altezza dell'ingresso dell'adiacente Casa II, 2, 4 nello strato di surge[11].

Rispetto all'importanza dell'abitazione i reperti rinvenuti sono in numero molto ridotto e rientrano nelle consuete suppellettili ed arredi provenienti dall'area vesuviana[12].

Spiccano fra i rari reperti riportati alla luce il già citato sigillo bronzeo e due lucerne nello stesso materiale[13] oltre ad alcuni vasi in vetro. Riferibili ad arredi lignei di tipo non identificabile sono invece quattro piedini in bronzo di forma umana (invv. 2881, 2892) e 14 in osso a forma di zampa felina (inv. 2887). I due nuclei più consistenti di oggetti sono poi costituiti da alcune statuine in invetriata[14] rinvenute nel piccolo peristilio e da quelle in marmo tornate alla luce nel pergolato lungo l'euripo trasversale e nello spazio verde sottostante[15].

La Casa, nell'ambito della pittura vesuviana di età neroniana-flavia, risulta caratterizzata da un programma decorativo di particolare complessità ed interesse. La decorazione pittorica dell'abitazione rientra nel Quarto Stile ad eccezione del cubicolo 3 del settore dell'atrio dove abbiamo ancora parzialmente conservato un esempio di Primo Stile nella parte superiore delle pareti. In questa area, a causa dei danni provocati dal bombardamento, si sono conservati affreschi solo in due ambienti denominati B e C.

Il primo presenta la zona mediana tripartita con pannelli a fondo rosso, separati da esili scorci architettonici, con vignette di guerrieri nei laterali mentre nei due centrali sono le figure di "Narciso alla fonte" e di "Venere pescatrice". Il secondo invece presenta nella zona mediana una più usuale decorazione con riquadri a fondo giallo, con al centro quadretti rettangolari, separati da pannelli a fondo bianco con albero e staccionata nella parte inferiore.

Nel settore della Casa che si affaccia sul sottostante giardino abbiamo due cubicoli, D[16] ed E[17], il Sacello F ed il triclinio H. Le pareti esterne del Sacello F risultano completamente dipinte con grandi composizioni mitologiche raffiguranti "Artemide al bagno" ed "Atteone sbranato dai cani" ai lati della porta ed una "Scena di caccia", identificata dallo Spinazzola come l'episodio di Meleagro e del cinghiale calidonio sulla parete sud.

Sulla parete nord del pergolato che delimita l'euripo abbiamo parzialmente conservate "Orfeo" e "Venere in conchiglia", ai lati della porta del triclinio H, seguiti da una lunga "Scena di caccia" con bestie fino alla fontana del biclinio ai cui lati sono "Narciso alla fonte" e "Piramo e Tisbe". A questo omogeneo gruppo di pitture dobbiamo aggiungere anche i dipinti ai lati della fontana, al di sotto del tempietto dell'euripo superiore, che immetteva l'acqua nell'euripo del giardino con le raffigurazioni di "Artemide"

ed "Atteone" oltre a due complesse scene di paesaggio[18].

Il Sacello F presenta una decorazione che viene considerata tra le più raffinate della fase iniziale del Quarto Stile per l'accurata esecuzione, fin nei minimi dettagli compositivi, e per la gamma cromatica con la presenza anche del costoso cinabro[19]. La parete sud presenta una larga finestra, con infissi ricostruiti[20], armonicamente inserita nella decorazione pittorica mentre la parete ovest è caratterizzata da una nicchia di forma rettangolare al cui interno al momento dello scavo non venne rinvenuto alcun reperto[21].

La presenza sulle pareti della nicchia del solo strato di arriccio reso con corte spatolate ci permette di ipotizzare che fosse rivestita di legno pregiato con cornice esterna per far risaltare un arredo sacro, forse una statuetta della dea, anche se non possiamo escludere che potesse contenere un quadro su tavola andato distrutto come tutti gli arredi lignei rinvenuti nello strato di pomici[22].

La decorazione pittorica della zona mediana delle pareti presenta pannelli a fondo bianco separati da scorci architettonici che proseguono nella zona superiore arricchita da edicole e motivi floreali e geometrici. I pannelli della zona mediana inquadrati da minuti tralci floreali presentano al centro sulla parete est un tondo con "Menade e Sileno", sulla parete nord la figura intera dell'Estate, sulla parete sud la figura dell'Autunno e del famoso sacerdote isiaco con al di sotto il suo nome, ora perduto, letto ed integrato dallo Spinazzola come *Amulius Faventinus/Tiburs* [23], sulla parete ovest un tondo con una "Figura femminile" nell'atto di bere il cui volto si intravede attraverso una coppa vitrea che secondo Spinazzola si richiama al dipinto di *Pausias* di Sicione visto ad Epidauro da Pausania con la personificazione

della "*Methe*"[24]. Gli scorci architettonici che separano i pannelli della zona mediana sono caratterizzati da figure che si stagliano sulla soglia di porte a due battenti ed altre affacciate su balconcini.

È interessante notare che per sottolineare il ruolo primario della parete ovest la nicchia centrale è posizionata in corrispondenza con la porta d'ingresso e l'euripo esterno. Inoltre, su evidente indicazione del committente, il *pictor* esegue alcuni cambiamenti nella composizione degli scorci architettonici della zona mediana della parete con l'accorgimento di chiudere i battenti delle porte e nel far scomparire i balconi al cui posto vengono inseriti dei frontoni sovrastati da trofei. La particolarità di questo ambiente e lo stretto legame al culto isiaco[25] è ben evidente non solo per la raffigurazione del sacerdote e per la presenza della nicchia ma anche per altri elementi inseriti nella decorazione che abbiamo potuto osservare nel corso dell'esame della tecnica pittorica. Le personificazioni infatti dell'Estate e dell'Autunno che ritroviamo nei pannelli nord e sud della zona mediana possono trovare un riferimento nelle feste in onore di Iside che si svolgevano rispettivamente il 12 agosto con la "*Lychnapsia*" o "*Lampadeiaï*" e dal 13 al 16 novembre o dal 28 ottobre al 1 novembre con le "*Isia*" mentre nell'altro pannello lacunoso della parete nord doveva essere molto probabilmente raffigurata la Primavera svolgendosi il 5 marzo l'importante festa del "*Navigium Isidis*"[26]. Anche le raffigurazioni dionisiache presenti nell'ambiente con i due tondi di "Menade e Sileno" e della "*Methe*" risultano connesse, anche se indirettamente, al culto isiaco in quanto è nota l'analogia della storia e dei riti sacri a Dioniso con Osiride, fratello e sposo di Iside, oltre ad avere una importante testimonianza a Pompei nel rinvenimento della sua statua nel tempio della dea[27]. Un altro particolare di notevole interesse nella composizione usato per rafforzare la sacralità dell'ambiente e per sottolineare l'importanza della parete ovest con la nicchia centrale lo ritroviamo nella scelta di raffigurare, nei due pannelli architettonici della zona mediana, i battenti delle porte chiusi con un evidente riferimento simbolico, presente nelle religioni, di confine tra esterno e luogo sacro oltre alle difficoltà che deve superare il fedele per raggiungere la dimensione spirituale[28]. Questa ipotesi di rilettura di alcuni temi presenti nell'ambiente dimostra ulteriormente che la decorazione pittorica di una casa, anche nei suoi elementi secondari, non è assolutamente casuale ma si basa su un programma ben preciso voluto dal committente legato sia alla destinazione d'uso dei vari ambienti sia alle sue conoscenze letterarie, credo religioso e volontà di ostentazione del suo *status symbol* che sarà poi trasformato dal *pictor* nei "disegni di progetto" per la sua attuazione[29].

Il triclinio H, oggetto di recenti ed esaustivi studi[30], sia per il programma decorativo pittorico che per la sua posizione centrale ed aperta sui due spazi verdi, riveste indubbiamente il ruolo più importante tra gli ambienti pubblici della *domus*.

Il salone è caratterizzata da un doppio fregio, posizionato su di un alto zoccolo ad imitazione di marmi policromi, separato dalla zona superiore della parete da una cornice alla quale è appeso un tendaggio alzato, quasi come un sipario, per suscitare l'illusione nell'osservatore di trovarsi in una *pinacotheca* di fronte a preziosi quadri.

Il registro superiore raffigura una Eracleide con due diversi episodi della storia dell'eroe: la spedizione a Troia con lo spergiuro di Laomedonte e l'investitura di Podarce/Priamo sulla parete est e

sud; l'epilogo della storia di Eracle con il tradimento di Nesso e il rogo della salma sull'Eta, sulla parete ovest. Il registro inferiore, di minore altezza, presenta invece un ciclo iliaco dalla pestilenza nel campo degli Achei fino al riscatto del corpo di Ettore su un uniforme fondo nero e didascalie in latino. In particolare per il fregio con l'Eracleide è stata giustamente rilevata una stretta connessione, se non una vera e propria imitazione, con alcune opere del pittore grecoasiatico *Artemon*, attivo nella prima metà del III secolo a. C., conservate a Roma nel *Porticus Octaviae* e raffiguranti la spedizione a Troia, l'apoteosi di Eracle e forse l'episodio di Nesso[31].

2. LA TECNICA PITTORICA

Gli ambienti della *domus* che ancora conservano composizioni pittoriche parietali sono stati esaminati per rilevare i dati relativi alla tecnica di esecuzione[32].

I *tectorii* hanno rivestito il supporto murario con un primo strato di intonaco, arriccio, applicato con andamento obliquo mediante ampie spatolature che risulta costituito[33] da una malta di colore d'insieme bruno rossastro, in cui la matrice carbonatica è piuttosto torbida e di colore ocra aranciato, mentre l'aggregato è eterogeneo, a granulometria ben assortita tra l'arenacea molto fine e l'arenacea medio-grossolana, con colorazioni dei clasti che variano dal bruno nerastro, al rossastro, al giallo ocra, al biancastro. La porosità dell'aggregato e quella della matrice sono elevate e prevalentemente di tipo bolloso, con pori di piccole dimensioni. L'arriccio appare piuttosto povero di legante, con un rapporto aggregato/matrice di circa 4/1.

È stato quindi applicato sulle pareti un secondo strato di intonaco di preparazione la cui malta è

costituita da una matrice carbonatica di colore bianco che presenta alcune microfessurazioni da ritiro, variamente orientate rispetto alla superficie esterna, e sporadici pori di forma bollosa, con rari distacchi clasti-matrice. L'aggregato dell'intonaco è di natura tufaceo-pozzolanacea, a granulometrie arenacee da fini a grossolane. L'assortimento delle classi granulometriche è scarso, con una netta prevalenza della grana arenacea medio-fine. I clasti dell'aggregato hanno morfologie prevalentemente arrotondate, a sfericità medio-elevata. Le loro cromie variano dal brunastro (prevalente) al giallo chiaro, con alcuni granuli biancastri opachi o incolori traslucidi o, ancora, verdastri traslucidi. La porosità dell'aggregato è mediamente elevata e di tipo bolloso. Il rapporto aggregato/matrice per questo strato è compreso tra 2,5/1 3/1.

Lo strato di finitura superficiale, una sorta di intonachino, è generalmente compreso entro il millimetro di spessore, ma raggiunge i 5 millimetri in uno dei campioni prelevati nel triclinio H (Fig. 1; camp. 07/006). La sua superficie esterna è estremamente levigata ed è realizzato con un impasto di calce e un inerte di natura carbonatica, traslucido ma con tono leggermente aranciato, ottenuto verosimilmente da macinazione di rocce calcaree contenenti tracce di ossidi di ferro per cui lo strato su cui il *pictor* procede alla decorazione risulta leggermente rosato.

Pertanto il *tectorium* è composto da tre strati sovrapposti per uno spessore massimo di circa cm 5,5 di cui il primo di maggiore grossezza di cm 2,5-3, il secondo di circa cm 1,5-2, il terzo da 1 fino a 5 mm[34].

Nell'ambiente B del settore dell'atrio la parziale caduta dell'intonaco della parte alta della parete ovest ha permesso di rilevare inoltre la presenza di una fitta picchiettatura eseguita sull'intonaco di preparazione per permettere un maggiore aggancio al successivo strato.

La presenza nelle stesure cromatiche di calcio e l'osservazione della fluorescenza indotta da radiazione ultravioletta nello strato di intonachino suggerisce che i pigmenti siano stati applicati ad affresco o con l'aggiunta di latte di calce, comunque generalmente senza leganti organici. Solo in corrispondenza di un campione prelevato dalla fascia rossa a ridosso della finestra del Sacello F (Fig. 2; camp. C07/007) le microanalisi FT-IR hanno riscontrato bande di assorbimento compatibili con i gruppi caratteristici delle proteine, forse riferibili ad un originaria aggiunta di colle per la stesura dei pigmenti. Proprio nello strato più superficiale di questo campione le microanalisi XRF hanno evidenziato la presenza di mercurio. Sembra quindi lecito ipotizzare che in questo caso la base ad affresco di terra rossa sia stata velata in superficie con cinabro steso in legante proteico.

Per il resto, i pigmenti utilizzati sono in genere del tipo delle terre, tra cui ocra gialla (Fig. 3; camp. C07/009), terra rossa e terra verde, quest'ultima stesa, almeno nell'ambiente D (Fig. 4; camp. C07/008) su un sottile strato contenente tracce di un finissimo pigmento nero di natura carboniosa, forse da riferire più ad un generalizzato trattamento della specchiatura bianca di fondo (magari per raffreddare il tono caldo dell'intonachino) che ad una preparazione specifica per la sottile stesura verde.

La decorazione pittorica venne realizzata stendendo l'intonachino dall'alto in basso mediante scansioni orizzontali, "pontate", di altezze differenti il cui numero varia secondo la complessità delle composizioni pittoriche.

Nel settore dell'atrio è stato possibile rilevare le pontate in soli due ambienti:

Ambiente B
Parete nord: fregio cm 50; predella cm 45; zona mediana cm 193; zoccolo cm 66.
Parete sud: zoccolo cm 66.
Parete ovest: fregio cm 50; predella cm 45; zona mediana cm 193; zoccolo cm 67.

Ambiente C
Parete est: zona mediana cm 175, zoccolo cm 95.

Più varia la situazione del quartiere del peristilio dove abbiamo quattro ambienti variamente dimensionati oltre alle pitture delle pareti che delimitano il peristilio e il pergolato:

Ambiente D
Parete nord: fregio cm 0,75; zona mediana-zoccolo cm 210.
Parete sud: zona mediana-zoccolo cm 210.
Parete ovest: fregio cm 0,75; zona mediana-zoccolo cm 210.
Parete est: zona mediana-zoccolo cm 210.

Ambiente E
Parete ovest: fregio cm 97; zona mediana-zoccolo cm 196.

Sacello F
Parete nord: fregio cm 0,72; zona mediana cm 168; zoccolo cm 0,51.
Parete sud: fregio cm 0,72; zona mediana cm 168; zoccolo cm 0,51.
Parete ovest: fregio cm 0,72; zona mediana cm 168; zoccolo cm 0,51.
Parete est: zona mediana cm 168; zoccolo cm 0,51.

Triclinio H
Parete nord: ciclo iliaco cm 0,38; zoccolo cm 130.

Parete sud: fregio cm 70; ciclo eracleide cm 114; ciclo iliaco cm 0,38; zoccolo cm 130.
Parete ovest: fregio cm 70; ciclo eracleide cm 114; ciclo iliaco cm 0,38; zoccolo cm 130.
Parete est: fregio cm 70.; ciclo eracleide cm 114; ciclo iliaco cm 0,38; zoccolo cm 130.
Peristilio
Parete nord: zona mediana cm 183; zoccolo cm 55.
Parete est: zona mediana cm 183; zoccolo cm 55.
Pergolato
Parete nord: pontata irregolare a partire dalla base del muro a cm 100 ca.

Sulla base dei dati rilevati la prima considerazione è relativa al numero delle pontate che nel peristilio e negli ambienti C, D, E, risultano due con una unica cesura che marca la separazione sulla parete del fregio dalla zona mediana e zoccolo. Nel Sacello F invece abbiamo tre pontate con due cesure orizzontali che dividono il fregio dalla zona mediana e quest'ultima dallo zoccolo, mentre nel triclinio H i *pictores* hanno eseguito ben quattro pontate con tre cesure orizzontali separando il fregio, il ciclo di Eracle, il ciclo Iliaco e lo zoccolo. Anche nell'ambiente B, pur avendo un livello compositivo molto meno complesso del triclinio H, sono state rilevate tre cesure orizzontali che dividono il fregio, la predella, la zona mediana e lo zoccolo. Questa variabilità del numero delle pontate non è casuale ma è la prova dell'esistenza di un piano di lavoro razionale legato alla dimensionalità degli ambienti ed alle differenti esigenze degli schemi compositivi.

Infatti le ridotte dimensioni e la semplicità degli schemi decorativi del primo gruppo di ambienti hanno reso necessario solo due stesure di intonaco. Al contrario la maggior cura e complessità delle composi-

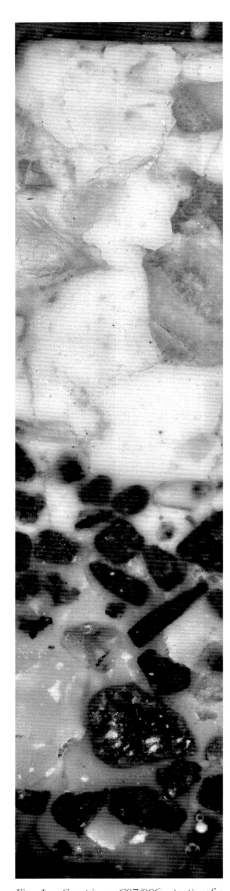

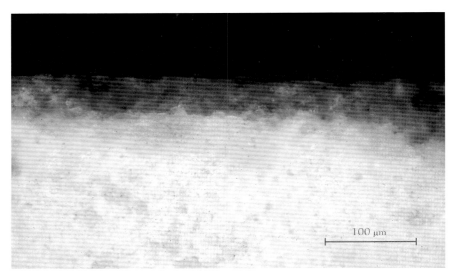

Fig. 2 - Campione C07/007, stratigrafia su sezione lucida, microfotografia in luce bianca.

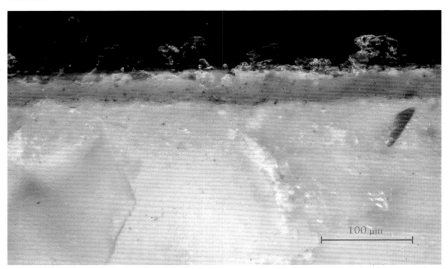

Fig. 3 - Campione C07/009, stratigrafia su sezione lucida, microfotografia in luce bianca.

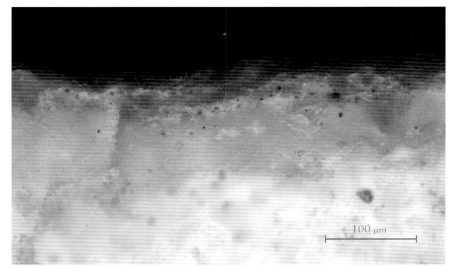

Fig. 1 - Campione C07/006, stratigrafia su sezione lucida, microfotografia in luce bianca.

Fig. 4 - Campione C07/008, stratigrafia su sezione lucida, microfotografia in luce bianca.

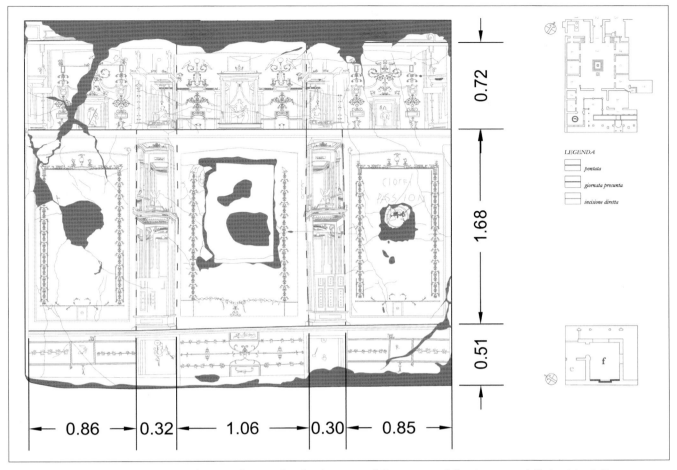

Grafico 1 - Sacello F, parete ovest. Rilievo grafico con l'individuazione delle pontate, delle giornate e delle incisioni dirette.

zioni ha determinato un aumento delle stesure di intonaco che diventano tre nel Sacello F fino ad arrivare a quattro nel triclinio H e nell'ambiente B. Si evidenzia pertanto anche attraverso la tecnica di esecuzione pittorica il ruolo prioritario assegnato dal *dominus* a questi ambienti nella gerarchia delle funzioni degli spazi nella Casa ribadito ulteriormente dal livello qualitativo delle composizioni.

Una seconda considerazione è relativa ad un leggero ingrossamento nella giunzione delle pontate causata dal sovrapporsi delle stesure dell'intonaco[35] che evidenzia una operazione di lisciatura della parete non molto accurata, almeno nelle sue parti alte, anche se descritta dalla trattatistica dell'epoca. Questo ingrossamento è più marcato nel primo gruppo di ambien-

ti mentre diventa quasi impercettibile nel Sacello F, nel triclinio H e nell'ambiente B ribadendo così il loro ruolo primario.

Anche per questa abitazione rimane aperto il problema delle partizioni verticali, definite "giornate", che potevano essere utilizzate dalla bottega pittorica per suddividere ulteriormente la parete senza correre il rischio che l'intonaco si seccasse negli ambienti dove la complessità delle composizioni pittoriche rendeva necessaria una particolare attenzione da parte dei *pictores*.

Questa tecnica non sempre è riconoscibile in quanto le eventuali saldature verticali risultano impercettibili per lo spessore degli impasti dei pigmenti applicati e per le operazioni finali, definite *politiones*[36], di levigatura-lucidatura delle pareti. In

ogni caso riteniamo che nel Terzo e Quarto Stile la presenza delle "giornate" è limitata alla sola zona mediana delle pareti per la dimensione più ampia da ricoprire con la decorazione pittorica e per la sua maggiore complessità compositiva.

Nella Casa abbiamo rilevato la presenza di "giornate" solo nella zona mediana della parete sud ed ovest del Sacello F dove la cesura verticale delimita da ambedue i lati i pannelli con decorazione architettonica dalle campiture (Grafico 1[37]). Possiamo inoltre ipotizzare l'esistenza di "giornate", anche se non rilevabili, nell'esecuzione dei sei grandi quadri mitologici del pergolato che necessitavano di una maggiore cura per essere dipinti.

Anche in questa abitazione la decorazione pittorica è stata poi completata mediante la tecnica del "mezzo fresco"[38] ben riconoscibile sulle pareti degli ambienti in quanto i pigmenti tendono con più facilità a staccarsi dalla superficie della campitura più aderente e compenetrata all'intonachino sottostante.

L'esame autoptico delle pareti ha permesso poi di rilevare diversi dati relativi ai sistemi usati dalle maestranze della bottega per eseguire le composizioni pittoriche degli ambienti.

Le incisioni dirette, utilizzate dalle maestranze per definire sui fondi il posizionamento dei quadretti e degli ornati, sono ben distinguibili in diversi ambienti e venivano eseguite con l'ausilio di squadre, righe, compassi e strumenti appuntiti.

Negli ambienti B, C, D, E, F e nel peristilio le incisioni seguono le dimensioni delle campiture, delle decorazioni a "bordo di tappeto", dei motivi floreali ed architettonici oltre a delimitare i tondi[39] ed i quadretti rettangolari.

Particolarmente interessanti sulle pareti del Sacello F sono le doppie incisioni verticali che tracciano il posizionamento dei motivi floreali sui pannelli della zona mediana della parete[40] (Fig. 5). Altre incisioni dirette, molto ben distinguibili, sono state rilevate sulla parete nord del pergolato, nel tratto prossimo al biclinio, per definire il contorno delle figure di alcuni animali non identificabili per le abrasioni della pellicola pittorica (Fig. 6).

Sono state inoltre rilevate incisioni indirette per riportare motivi figurativi ripetitivi, mediante l'uso di supporti leggeri, sull'intonachino umido con l'ausilio di uno strumento a punta con cui sono state tracciate le linee essenziali di contorno.

Il loro uso, in seguito alla caduta di parte del colore, è ben visibile nelle figure posizionate al centro dei pannelli della zona mediana della parete. Particolarmente evidenti sono nelle figure dei Guerrieri, della "Venere Pescatrice"[41] e di

Fig. 5 - Sacello F, parete ovest. Incisioni dirette verticali eseguite come guida per la realizzazione della decorazione fitomorfa.

Fig. 6 - Pergolato, parete nord. Particolare delle incisioni dirette per la definizione della sagoma di un animale.

Fig. 7 - Ambiente B, parete sud. Incisione indiretta per la definizione del volto di Narciso.

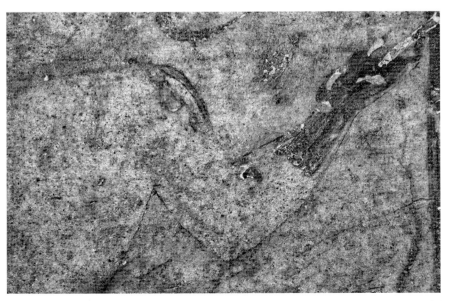

Fig. 8 - Triclinio H, parete ovest, ciclo iliaco. Particolare del disegno preparatorio del braccio di un guerriero.

"Narciso alla fonte" (Fig. 7) nell'ambiente B e nelle figure dell'Estate, dell'Autunno e del Sacerdote Isiaco nel Sacello F.

Per quanto riguarda infine le composizioni figurative, oltre ai quadretti ed ai tondi inseriti al centro dei pannelli della zona mediana della parete, nella Casa sono conservati i due importanti cicli del triclinio H e i grandi quadri che decorano le pareti del pergolato.

I quadretti ed i tondi realizzati negli ambienti C, D, E, nel peristilio e nel Sacello F risultano eseguiti con la tecnica del "mezzo fresco" direttamente sulla campitura senza effettuare un taglio dell'intonaco corrispondente alla loro dimensione trattandosi di piccole composizioni semplici e schematiche la cui esecuzione poteva essere eseguita in breve tempo dai *pictores* senza particolari difficoltà.

Nel triclinio H i due cicli compositivi sono stati invece eseguiti mediante un disegno preparatorio in terra bruna sull'intonachino sulla base di un "album" di disegni che a sua volta riproduceva molto probabilmente note composizioni pittoriche[42]. Il disegno preparatorio è particolarmente visibile nel ciclo iliaco, in seguito alla caduta del colore applicato a "mezzo fresco", nei particolari del braccio e della gamba di due guerrieri rispettivamente della parete ovest e nord[43] (Fig. 8).

Anche per i grandi quadri sulle pareti del pergolato possiamo ipotizzare l'uso di un disegno preparatorio anche se non rilevabile.

3. I PITTORI DELLA *DOMUS*

Le particolari composizioni pittoriche della Casa, fin dal momento della sua scoperta, hanno da sempre suscitato l'interesse degli studiosi con lo scopo di identificare la bottega ed i *pictores* ai quali era stata commissionata la decorazione dei vari ambienti.

Lo Spinazzola ipotizzò che tutto il programma pittorico della Casa era da attribuire ad un unico *pictor*, abile sia nelle decorazioni che nella resa realistica delle figure, identificandolo nella firma, ora perduta, dipinta in bianco sul bancone della *kline* di destra del biclinio del pergolato: "*lucius pinxit*"[44].

Osservò anche che le figure dei guerrieri dell'ambiente B erano confrontabili con analoghe pitture del peristilio 39 della Casa delle Vestali (VI, 1, 7) note solo da un acquarello di Giuseppe Chiantarelli[45] ipotizzando l'opera di un unico *pictor*.

Nel 1963 il Ragghianti, nel suo approfondito studio delle composizioni figurative per identificare i *pictores* attivi in area vesuviana, propose di attribuire al "Maestro Palatino o Neroniano" il ciclo con le storie di Laomedonte e il ciclo iliaco del triclinio H.

Caratteristica principale del *pictor* era la resa incisiva delle scene e la continuità di visione operando inoltre "alla prima" senza cioè disegno preparatorio sulla traccia al massimo di schizzi sommari[46].

In disaccordo con lo Spinazzola nel 1965 il Della Corte attribuì a "*lucius*" le sole pitture del portico e del pergolato senza però spiegare la sua ipotesi[47].

La De Vos nel 1981 ha ipotizzato un intervento nella Casa da parte dei *pictores* della c. d. "bottega di via Castricio" che eseguirono la decorazione pittorica del cubicolo D[48]. Secondo la studiosa la bottega, attiva essenzialmente nell'area sud-orientale della città, si rivolge ad una committenza medio-bassa ed è riconoscibile sulla base della scelta cromatica dei pannelli e su un modesto e ripetitivo repertorio decorativo.

La stessa studiosa nel 1991, in due brevi note, ritiene pertinente il confronto degli schemi decorativi del Sacello F con quelli di alcuni ambienti di abitazioni pompeiane[49] oltre a riscontrare una stretta somiglianza nei tratti pittorici, netti e marcati, del tondo con "Menade (?)", nel soffitto del peristilio G, con le figure nelle campiture dell'ambiente isiaco e con il Priapo dipinto sullo stipite della porta di ingresso del Complesso dei Riti Magici (II, 1, 12)[50].

Mentre per quest'ultimo confronto è implicita l'attribuzione ad un unico *pictor* che ha operato in ambedue gli ambienti non è altrettanto chiaro se per il primo gruppo di confronti la somiglianza rilevata negli schemi decorativi sia riferibile all'operato di una sola bottega o sia legata all'uso di modelli simili.

Nel 1992 l'Andreae[51] analizza invece la sola composizione con "Scena di caccia" che decora la parete nord del pergolato e confrontandola con altri analoghi dipinti rinvenuti nelle *domus* pompeiane ipotizza che un solo *pictor* non poteva essere l'autore di un così gran numero di composizioni. Seguendo il "metodo" di Morelli, riconosce la mano di un *pictor*, autore degli sfondi con rocce ed arbusti, e di un altro che ha invece realizzato le figure degli animali.

Successivamente, nel 2000, il Richardson, seguendo lo stesso metodo, affronta in maniera estesa il problema dell'identificazione dei *pictores* che hanno operato nella Casa attribuendo alla fase iniziale del "The Iphigenia Painter"[52] le figure nelle campiture dell'ambiente B e al "The Io Painter"[53] i tondi e le figure nelle campiture, nei pannelli architettonici e nel fregio del Sacello F.

Identifica inoltre in *Lucius*[54] il *pictor* della lunga scena di caccia e delle grandi composizioni mitologiche dipinte sulla terrazza con il pergolato oltre ad assegnargli anche il fregio di Laomedonte ed il fregio iliaco nel triclinio H in particolare per la stretta somiglianza rilevata nel raffigurare i piedi di Narciso ed Atteone, raffigurati nel pergolato, con quelli di Ercole e Telamone nel grande fregio.

La Scagliarini[55] nel 2001 riprende il problema di *Lucius* attribuendogli il solo quadro con "Piramo e Tisbe", per la differenza qualitativa rispetto alle altre rappresentazioni del pergolato, in particolare con il quadro di "Narciso", ritenendolo inoltre un pittore non professionista forse un membro della famiglia del *dominus*, un *servus* o un *verna* a cui è stato concesso di dare spazio alle sue aspirazioni artistiche. Riconosce anche la presenza delle mani di tre *pictores imaginarii* che hanno operato nella Casa analizzando le pitture ancora ben conservate: una per i grandi quadri mitologici del pergolato; una per i due cicli del triclinio H; una per il Sacello F.

La Coralini[56], nel 2002, nel suo approfondito studio sul fregio di Laomedonte del triclinio H osserva la disomogeneità qualitativa delle varie parti ipotizzando l'opera di più mani di diversa abilità per la stessa composizione o dell'uso di diversi "cartoni" o ancora che lo stesso progetto decorativo dell'ambiente prevedeva una minore cura in quelle parti meno centrali e visibili per lo spettatore.

Anche nella nostra abitazione avrebbe infine operato la c.d. "bottega dei *Vettii*" alla quale sono stati attribuiti numerosi complessi a Pompei tutti inseribili cronologicamente tra la tarda età neroniana ed il 79 d.C.

La base di questa ipotesi è costituita dal saggio del Peters[57] sugli schemi compositivi nella Casa dei *Vettii* che ripetendosi, pur con alcune varianti grazie all'uso di un ampio repertorio di modelli, dimostrano l'operato di una unica bottega incaricata dal committente di decorare la propria abitazione. Di conseguenza in studi successivi l'associazione ricorrente dei dettagli ornamentali e dei repertori di modelli presenti in varie abitazioni di Pompei sono stati considerati, insieme alla tecnica di esecuzione, come indicatori del repertorio di una officina fino ad arrivare al numero di ben 38 complessi assegnati alla "bottega dei *Vettii*"[58].

Per quanto riguarda la nostra abitazione è stato proposto di attribuire alla "bottega dei *Vettii*" il solo Sacello F confrontandolo con l'*oecus* Q della Casa dei *Vettii* e con l'esedra Y della Casa della Parete Nera[59].

Le ipotesi di attribuzione delle pitture della *domus* sono pertanto molto varie e riflettono la difficoltà, comune a tutta la pittura vesuviana, del riconoscimento delle botteghe e dei *pictores* che vi hanno operato in un ambito cronologico che per il Quarto Stile si colloca tra l'inizio dell'età neroniana fino all'eruzione del 79 d.C.

La prima nostra osservazione sui *pictores* della Casa è relativa alla tecnica pittorica che riteniamo non sia possibile considerare come un indicatore per individuare l'operato di una bottega. L'esame della tecnica di esecuzione e degli elementi costitutivi degli strati di intonaco e dei pigmenti infatti riconferma che il *modus operandi* era quello solitamente adottato dalle botteghe pittoriche del mondo romano. La successione degli strati di intonaco applicati e la loro composizione, l'uso di stendere i pigmenti ad affresco e a "mezzo fresco", l'uso delle incisioni dirette ed indirette per le partizioni decorative geometriche e architettoniche, l'uso del disegno preparatorio per le composizioni figurative sono ormai una prassi nota ed accertata che il susseguirsi degli studi ha sempre convalidato senza rilevare differenze o particolarità che possano permettere di ipotizzare l'esistenza di tecniche diversificate in uso nelle botteghe.

Una seconda osservazione è attinente all'ipotesi di identificare l'operato di una bottega nel ripetersi dei motivi decorativi e degli schemi compositivi. Gli elementi ornamentali e le figure secondarie venivano riprodotte sulla base di repertori figurativi disegnati su fogli di papiro o di pergamena che venivano poi trasferiti sulla parete anche con l'ausilio di sagome. Trattandosi di motivi decorativi ordinari, come i "bordi di tappeto" ed i tralci floreali, o di figure singole, come gli Amorini, non riteniamo che si possano considerare degli indicatori dell'operato di una bottega specifica in quanto facevano parte di un patrimonio corrente ampiamente replicato con infinite varianti grazie ai "libri" di bottega[60].

Gli schemi compositivi inoltre, dove confluiscono tutti i temi decorativi, vengono trasferiti sulla parete secondo il progetto scelto dal committente sulla base di una serie di esempi di partizioni geometrico-ornamentali in possesso delle botteghe che potevano subire delle modifiche per essere adattati alle dimensioni dell'ambiente o su specifiche richieste del committente. Proprio per questi motivi, risultando sempre simili ma mai eguali fra loro, non possono essere considerati un altro indicatore di appartenenza ad una bottega specifica ma semplicemente del diffondersi della moda dei sistemi decorativi di Quarto Stile dove la rigida suddivisione della parete in settori ben precisi si adatta alle singole esigenze della committenza.

L'esame infatti dei confronti degli schemi compositivi che sono stati proposti per i nostri ambienti con altri complessi pompeiani ha rilevato somiglianze generiche per alcuni elementi ma anche marcate e sostanziali differenze tali da non poter concordare con l'attribuzione per il Sacello F alla "bottega dei *Vettii*" e per gli ambienti B, C, D, E oltre al peristilio G alla "bottega di via Castricio".

Pertanto l'assegnazione delle pitture della Casa rimane molto problematica se vengono presi in considerazione i soli schemi decorativi e motivi ornamentali ricorrenti.

Risultati più convincenti vengono invece dalle ricerche dell'Andreae e soprattutto del Richardson che hanno utilizzato il sistema "morelliano" sulle composizioni figurative. L'esame che abbiamo effettuato delle composizioni presenti nella terrazza del pergolato e nel triclinio H per la somiglianza dei particolari anatomici, per il tipo di pennellata e per la tavolozza cromatica rileva in effetti la presenza di un unico *pictor* che ha operato sulla base di repertori figurativi generici in possesso della bottega, come per le scene di caccia e le figure di Narciso, Artemide ed Atteone[61], mentre per il ciclo di Lomedonte, un *unicum* nella pittura vesuviana, possiamo ipotizzare l'acquisizione di disegni riproducenti i quadri di *Artemon* esposti a Roma. Rimane il dubbio per il solo quadro di "Piramo e Tisbe" che, presentando un livello di resa qualitativa nettamente inferiore rispetto alle altre composizioni, potrebbe essere di un'altra mano, il *Lucius* dell'accattivante ipotesi della Scagliarini, ma, se guardiamo il tipo di pennellata, in particolare la resa dell'arcata sopraccigliare con una sottile linea nel volto di Narciso e di Piramo, non possiamo escludere del tutto che si possa attribuire al *pictor* degli altri dipinti che, in questo caso, non ha saputo rendere il trasferimento della composizione dal disegno alla parete. Inoltre le due figure di Artemide ed Atteone con a lato le scene di paesaggio dipinte al di sotto del tempietto centrare dell'euripo riteniamo che possano essere attribuite allo stesso *pictor* anche se il loro stato di conservazione non ha permesso un esame approfondito.

Per quanto riguarda gli altri ambienti della Casa l'esame dei dipinti, essenzialmente di carattere ornamentale con l'inserimento di figure singole derivanti dal repertorio di sagome in possesso della bottega, ha fornito solo scarsi elementi per l'identificazione delle mani dei pittori.

Il particolare più indicativo è sicuramente la raffigurazione dell'albero sacro nella parete nord dell'ambiente D che risulta simile a quello della parete est dell'ambiente C denotando la mano di un unico *pictor* al quale potremo attribuire i due ambienti.

Il Sacello F è opera di un *pictor,* il "The Io Painter" del Richardson, molto raffinato che si distingue dai due precedenti *pictores* prediligendo per le figure l'uso di una linea netta e corposa con ampio uso delle lumeggiature e tratti marcati per i particolari dei volti. Anche l'ambiente B si evidenzia per l'accuratezza del *pictor* che vi ha operato ma il forte degrado delle figure non ha reso possibile un esame approfondito del *ductus* pittorico. Tuttavia da precedenti immagini fotografiche sembrerebbe notarsi una somiglianza con il *pictor* che ha operato nel Sacello F in particolare per i tratti marcati dei volti.

In conclusione si potrebbe avanzare l'ipotesi della presenza di almeno tre *pictores,* di diverso livello qualitativo, che hanno lavorato nella Casa per decorare gli ambienti. La particolarità compositiva del Sacello F, dove spicca la figura del sacerdote isiaco, e del triclinio H, con gli episodi dell'Iliade di Omero e l'imitazione dei celebri quadri di *Artemon,* denotano inoltre la volontà del committente di "rappresentare" con scelte molto individuali rispettivamente il suo credo religioso e il suo elevato livello culturale.

Riteniamo inoltre che i *pictores* abbiano operato nell'ambito di una commissione affidata ad una singola bottega sulla base di un progetto compositivo diversificato. Anche se l'organizzazione del lavoro rimane ancora oggi un problema dibattuto e controverso per la scarsità dei dati documentari in nostro possesso ci sembra plausibile ipotizzare l'esistenza di botteghe fisse ma a "geometria variabile" secondo l'entità della commissione ed il tipo di composizioni richieste. Il *pictor* pertanto dopo aver avuto l'incarico poteva allargare il suo "personale" con l'inserimento di altri *pictores* formando così una "equipe" specializzata in grado di terminare il lavoro nei tempi stabiliti[62].

Rimane infine aperto il problema, sulla base delle precedenti considerazioni, se è possibile assegnare alla bottega che ha operato nella Casa di *D. Octavius Quartio,* anche altri complessi pittorici.

Questo aspetto è di non facile soluzione perché avendo ritenuto non indicativi la tecnica pittorica, i motivi ornamentali e gli schemi compositivi l'unica strada percorribile rimane il riconoscimento delle "mani" con il metodo morelliano seguito dal Richardson.

Riconoscimento delle "mani" che trova però il duplice ostacolo costituito dal degrado avanzato della quasi totalità delle pitture in *situ* e dalla già ricordata possibilità dell'esistenza di botteghe a "geometria variabile" con uno scambio continuo di *pictores.*

Potremo cioè riconoscere le "mani" ma non avere la certezza di appartenenza a botteghe ben precise se accettiamo questa ragionevole ipotesi di organizzazione del lavoro.

In ogni caso la via indicata dal Richardson ci sembra la più promettente e meriterebbe un ulteriore approfondimento attraverso il riesame delle composizioni figurative leggibili, sia staccate e musealizzate che ancora nelle abitazioni vesuviane, in modo da ottenere un "catalogo" certo dei *pictores imaginarii* attivi nell'area vesuviana nel periodo del Terzo e Quarto Stile. Successivamente intorno a questo dato si potrebbero aggregare tutti gli altri elementi più labili in nostro possesso tentando di ottenere una nuova mappatura delle botteghe operanti nell'area vesuviana forse più vicina alla realtà del tempo.

*ernestodec@libero.it
officina.restauro@libero.it

NOTE

[1] In particolare tra aprile ed ottobre del 1919 si effettuò lo scavo degli ambienti dell'abitazione a partire dall'ingresso su via dell'Abbondanza. Nei mesi di giugno e luglio del 1920 si riscoprì il pergolato mentre lo scavo del giardino si concluse nel 1922 con la scoperta della statua in marmo dell'Ermafrodito nell'angolo sud-ovest dello spazio verde lungo il muro di cinta (SPINAZZOLA 1953, pp. 367-434, 646-662; ZANKER 1993, pp. 160-172; *Pitture e mosaici* 1991, III, pp. 42-108; per il rinvenimento del *castellum aquae* con serbatoio in piombo all'angolo nord-ovest dell'*Insula*: *NSc* 1917, pp. 254, 255; per il completamento dello scavo del vicolo in terra battuta che delimita il lato ovest della Casa e congiunge via dell'Abbondanza con lo spazio antistante la Palestra Grande: *NSc* 1939, pp. 200-202).

[2] Gli scavi, condotti con grande accuratezza, asportando per piani orizzontali i materiali eruttivi, permisero di acquisire numerosi elementi per poter ripristinare le coperture, i balconi e i loggiati degli edifici che si affacciavano sulla via. La scelta tuttavia di non riportare completamente alla luce tutte le abitazioni, ad eccezione di alcune ritenute le più importanti, conferì un aspetto discontinuo allo scavo di questa parte dell'abitato che venne successivamente completato per il lato meridionale della via da Amedeo Maiuri succeduto a Vittorio Spinazzola nel 1923 alla direzione di Pompei (DE CAROLIS 1999, pp. 29-30; DELPINO 2001, pp. 51-61).

[3] DE CAROLIS–PATRICELLI 2003b, pp. 71-76.

[4] MAIURI 1942, pp. 152-154.

[5] SPINAZZOLA 1953, p. 395, figg. 449-451.

[6] Nel pergolato furono rinvenute sulle basi solo due statue in marmo con tracce di policromia, raffiguranti Erato e Polymnia (SPINAZZOLA 1953, pp. 405-406, figg. 461-462; DI PASQUALE–PAOLUCCI 2007, p. 308, 3.B.63).

[7] GARCÍA Y GARCÍA 2006, p. 45, figg. 40-47.

[8] SPINAZZOLA 1953, p. 412, figg. 470, 475, 477, tav. d'aggiunta 6; sui *cartibula* e sul loro inserimento nell'arredo delle case della prima età imperiale vedasi: DE CAROLIS 2007, pp. 109-113, 170.

[9] DE CAROLIS–PATRICELLI 2003b.

[10] SPINAZZOLA 1953, pp. 421-434, p. 646 nota 301, pp. 659-660 note 344, 345; DELLA CORTE 1965, pp. 370-377; CASTREN 1975, p. 199 n. 285, p. 184 n. 223.

[11] *Pitture e mosaici* 1991, III, p. 110, n. 1; DE CAROLIS–PATRICELLI–CIARALLO 1998, p. 102, n. 113. In generale sulle vittime dell'eruzione vedasi anche: DE CAROLIS–PATRICELLI 2003b.; DE CAROLIS–PATRICELLI 2003a, pp. 56-72.

[12] L'elenco dei reperti è riportato nella Libretta di Scavo n. 26 dal foglio n. 65 a partire dal 28 aprile del 1919 con la denominazione di Casa II, 5, 2 (Soprintendenza Speciale per i Beni Archeologici di Napoli e Pompei, Ufficio Scavi di Pompei).

[13] CONTICELLO DE SPAGNOLIS–DE CAROLIS 1988, p. 74 n. 70 (inv. 2871), p. 141 n. 84 (inv. 2884).

[14] SPINAZZOLA 1953, p. 395, figg. 450-451; DI GIOIA 2006, p. 117, 5.5 (Bes).

[15] JASHEMSKI 1993, pp. 78-83, nn. 133-136; DI PASQUALE–PAOLUCCI 2007, pp. 306-313.

[16] Le pareti della zona mediana presentano uno schema bipartitico a fondo bianco con al centro esili elementi architettonici. Nei pannelli sono raffigurati tondi e quadretti rettangolari con piccole scene di paesaggio sacrale.

[17] È l'unico ambiente della Casa a presentare una pavimentazione musiva. Le pareti della zona mediana presentano su fondo giallo uno schema tripartitico con elementi architettonici di separazione e al centro della parete ovest, l'unica ben conservata, un quadro con "Gazzella inseguita da un leone".

[18] SPINAZZOLA 1953, pp. 407-408, figg. 467, 468.

[19] Il cinabro, *minium*, era ricavato dalle miniere della Spagna e dell'Asia Minore (Vitr., *De Arch*, VII, 15, 8; Plin., *Nat. Hist*, XXXIII, 114, 118; AUGUSTI 1967, pp. 77-82).

[20] DE CAROLIS 2007, pp. 25-40; PIERATTINI 2009, pp. 170-187.

[21] Profondità cm 18, altezza cm 80, lunghezza cm 48. La documentazione fotografica e l'esame autoptico evidenziano la presenza di incassi agli angoli della nicchia per una cornice lignea (*Pitture e mosaici* 1991, III, pp. 70-71, nn. 46-47).

[22] Sull'uso di inserire quadri su tavola all'interno di pareti affrescate vedasi: DE CAROLIS–ESPOSITO–FERRARA 2007a, p. 134, nota 50.

[23] SPINAZZOLA 1953, pp. 385-387 nota n. 311, 421-434 in particolare figg. 490-491; DELLA CORTE 1965, in particolare p. 373.

[24] "*Qui puoi anche vedere un'altra opera di Pausias, "Ebbrezza", che beve da una coppa vitrea. Tu puoi ancora vedere nel dipinto una coppa vitrea ed un volto attraverso di essa*" (Paus. II, 27, 3); SPINAZZOLA 1953, pp. 382-383, nota n. 309.

[25] Le raffigurazioni pittoriche all'esterno dell'ambiente, legate al mito di Artemide, hanno fatto ipotizzare, in precedenti studi, che gli abitanti della Casa fossero particolarmente devoti ad Iside-Artemide. Questo particolare sincretismo religioso nasce nel mondo greco-egiziano per la presenza degli attributi lunari in ambedue le divinità; sulla connessione fra il mito di Artemide ed Atteone e l'atrio di Birrena (Apul., *Met*., II, 4) vedi: SAURON 2009, pp. 261-276.

[26] Il calendario delle feste isiache è stato oggetto di numerosi ed approfonditi studi. In particolare per la ricorrenza del "*Navigium Isidis*" e per il "*Lampadeiai*" non sembrerebbe esserci dubbi sulla loro data mentre più controverse sono le "*Isia*" (DUNAND 1973, in particolare pp. 223-243; per il culto di Iside a Pompei vedasi: TRAN TAM TINH 1964, pp. 43-46; per le testimonianze isiache in Campania: *Egittomania* 2006).

[27] *Egittomania* 2006, p. 114, 3.7.

[28] Per un'interpretazione allegorica della pittura vesuviana vedasi: SAURON 2007.

[29] DE CAROLIS–ESPOSITO–FERRARA 2007a, pp. 122-124, 138-139; DE CAROLIS–CORSALE cds., pp. 1-32, cds.

[30] CORALINI 2001, in particolare pp. 78-81, 165-173; CORALINI 2002, pp. 331-343.

[31] "*ma le sue opere più famose - si trovano negli edifici di Ottavia – sono: Ercole che sale al cielo con il consenso degli dei dal monte Eta nella Doride, dopo aver bruciato la sua parte mortale e la storia di Laomedonte con Eracle e Nettuno*" (Plin., *Nat. Hist*. XXXV, 139); CORALINI 2002, in particolare p. 337.

[32] Sulla tecnica di esecuzione in area vesuviana vedasi da ultimo: DE CAROLIS–ESPOSITO–FERRARA 2007a; DE CAROLIS–ESPOSITO–FERRARA 2007b; DE CAROLIS–CORSALE cds., pp. 1-32, cds.; per recenti indagini sulle malte costitutive e sui pigmenti vedasi: FRECCERO 2005; *Centenario* 2007 in particolare pp. 93-128, 189-258; FRECCERO 2007, pp. 116-126; GIACHI–DE CAROLIS–PALLECCHI 2009, pp. 1015-1022; DE CAROLIS–ESPOSITO–FALCUCCI–FERRARA–RISPOLI 2009, pp. 513-520.

[33] L'analisi di tutti i campioni prelevati dei materiali costitutivi è stata effettuata da M.I.D.A. di Claudio Falcucci.

[34] Anche in questo caso non sono stati rispettati i precetti di Vitruvio (Vitr., *De Arch*. VII, 3, 5-6) di stendere ben sette strati preparatori mentre ci si avvicina maggiormente a quanto prescritto da Plinio il Vecchio (Plin., *Nat. Hist*. XXXVI, 55, 176) e Palladio (I, 15) che prevedevano cinque strati. Recenti indagini effettuate in altre abitazioni vesuviane hanno rilevato lo stesso *modus operandi*. Infatti nella Casa dei *Vettii* la gran parte degli ambienti presentano fra i quattro ed i tre strati (PRISCO 2005, in particolare p. 366), nella Casa di Sirico e nella Casa dei Dioscuri sono stati rilevati tre strati (DE CAROLIS–ESPOSITO–FERRARA 2007a, pp. 126-127; DE CAROLIS–CORSALE cds., pp. 5-6, cds.

[35] Questo *modus operandi* è ben evidente nella Casa del Larario di Achille (I, 6, 4) nelle pareti sud e nord del cubicolo H in corso di decorazione al momento dell'eruzione. I *pictores* infatti hanno ultimato la composizione pittorica in Quarto Stile del fregio mentre la parte inferiore della parete presenta il solo strato di preparazione. La stesura dell'intonachino del fregio invade la zona mediana con un andamento irregolare mentre la decorazione pittorica si ferma all'altezza di quella che sarà la linea di giunzione con la successiva pontata. Significativamente nella parete sud parte dell'intonaco in più era già stato asportato, mediante un taglio orizzontale, dalle maestranze della bottega. È pertanto evidente che nella linea di giunzione si potevano creare delle sovrapposizioni d'intonachino causando l'ingrossamento che abbiamo osservato nei nostri ambienti. La successione delle operazioni che venivano effettuate prevedeva così la stesura dell'intonachino coprendo una porzione più ampia della pa-

rete, la realizzazione degli schemi decorativi pittorici previsti per la prima pontata, sulla base dello schema progettuale, l'asportazione dello strato di intonachino in più e l'applicazione di quello successivo.

[36] De Carolis–Esposito–Ferrara 2007a, pp. 128-131.

[37] Il rilievo grafico è stato realizzato dalla S.D.S. di Salvatore De Stefano.

[38] I pigmenti venivano stemperati con acqua di calce o sfruttando l'idrossido di calcio che affiorava in superficie con un'operazione di schiacciatura locale dell'intonaco.

[39] Nell'ambiente D nel tondo del pannello di destra della parete ovest è stato rilevato al centro il foro della punta del compasso.

[40] Barbet–Allag 1972, p. 1014, fig. 37.

[41] Barbet–Allag 1972, p. 1027.

[42] Vedi supra note nn. 30-31.

[43] Pitture e mosaici 1991, III, pp. 93 n. 79c, 97 n. 82b.

[44] Spinazzola 1953, pp. 404-405, fig. 460.

[45] Spinazzola 1953, p. 648, nota 306; Pitture e mosaici 1993, IV, p. 27, n. 44.

[46] Il Ragghianti, concorda inoltre con i precedenti studi per la derivazione dai quadri di Artemon del ciclo di Laomedonte (Ragghianti 1963, pp. 39, 92-95).

[47] Della Corte 1965, p. 375, n. 802.

[48] Questo cubicolo viene considerato dalla De Vos come "il livello più alto" raggiunto dalla "bottega di via Castricio" (Tempi della documentazione 1981, p. 129, nota 27, p. 130 fig. 30); oltre al cubicolo D sono stati, successivamente attribuiti alla stessa bottega anche l'ambiente B, i cubicoli A, C e il peristilio G (Esposito 2009, p. 59).

[49] Triclinio i della Casa I, 6, 4; ambiente 89 della Casa II, 4, 3; ambienti B e C della Casa VIII, 5, 37; oecus 48, cubicolo 49 e Salone 62 della Casa di M. Fabio Rufo (VII, 16, Ins. Occ., 22); Pitture e mosaici 1991, III, p. 70, n. 46.

[50] Pitture e mosaici 1991, III, p. 21, n. 3.

[51] Andreae 1992, pp. 45-124, in particolare pp. 60-62, 94.

[52] Richardson jr. 2000, pp. 129-135, 140.

[53] Richardson jr. 2000, pp. 122-123.

[54] Richardson jr. 2000, pp. 147-153.

[55] Scagliarini 2001, pp. 323-325.

[56] Coralini 2002, in particolare p. 339; vedi anche supra note 31-32.

[57] Peters 1977.

[58] Esposito 2009, in particolare pp. 49-58.

[59] Esposito 2009, pp. 60-61.

[60] Vedasi in particolare: Settis 2006, pp. 20-65.

[61] Artemide ed Atteone sia per lo schema iconografico che per alcuni particolari, come la forma delle mani e dei piedi, risultano molto simili alle analoghe figure dipinte nel viridarium della Casa di Sallustio (Pitture e mosaici 1993, IV, pp. 131-132, nn. 76-79).

[62] L'esistenza del resto di una "gerarchia" nelle funzioni è testimoniata in particolare da una epigrafe del II secolo d.C. che ricorda un "pictor et praepositus pictorum" (De Carolis–Esposito–Ferrara 2007a, p. 123).

Bibliografia

Andreae 1990 = M.T. Andreae, Tiermegalographien in pompejanischen Garten. Die sogennanten Paradeisos Darstellungen, in RStPomp IV, 1990 (1993), pp. 45-124.

Augusti 1967 = S. Augusti, I colori pompeiani, Roma 1967.

Barbet–Allag 1972 = A. Barbet, C. Allag, Techniques de preparation des parois dans la peinture murale romaine, in MEFRA 84, 1972, pp. 935-1069.

Castren 1975 = P. Castren, "Ordo populusque Pompeianus": Polity and Society in Roman Pompeii, Roma 1975.

Centenario 2007 = AA.VV., Pompei. Insula del Centenario (IX, 8) Indagini diagnostiche geofisiche e analisi archeometriche, in Studi e Scavi 16, 2007, pp. 93-128; 189-258.

Conticello De Spagnolis–De Carolis 1988 = M. Conticello De Spagnolis, E. De Carolis, Le lucerne di bronzo di Ercolano e Pompei, Roma 1988.

Coralini 2001 = A. Coralini, "Hercules domesticus". Immagini di Ercole nelle case della regione vesuviana (I secolo a.C.-79 d.C.), Napoli 2001.

Coralini 2002 = A. Coralini, Una "stanza di Ercole" a Pompei. La sala del doppio fregio nella Casa di D. Octavius Quartio (II, 2, 2), in I. Colpo, I. Favaretto, F. Ghedini (a cura di), Iconografia 2001, Atti del convegno (Padova 2001), Roma 2002, pp. 331-343.

De Carolis 1999 = E. De Carolis, Una città e la sua riscoperta, in A. Ciarallo, E. De Carolis (a cura di), Homo Faber, Catalogo della mostra (Napoli 1999), Milano 1999, pp. 23-30.

De Carolis 2007 = E. De Carolis, Il mobile a Pompei ed Ercolano. Letti tavoli sedie e armadi, Roma 2007.

De Carolis–Corsale cds. = E. De Carolis, M. P. Corsale, La Casa dei Dioscuri (VI, 9, 6.7) in Pompei: la tecnica di esecuzione delle decorazioni parietali, in Domus Herculanensis Ratiónes, Atti del Convegno (Bologna, 2008), in stampa.

De Carolis–Esposito–Ferrara 2007a = E. De Carolis, F. Esposito, D. Ferrara, Domus Sirici in Pompei (VII, 1, 25.47): appunti sulla tecnica di esecuzione degli apparati decorativi, in Ocnus 15, 2007, pp. 117-141.

De Carolis–Esposito–Ferrara 2007b = E. De Carolis, F.Esposito, D. Ferrara, Un contributo sulla tecnica di esecuzione degli affreschi della Villa dei Papiri di Ercolano, in Automata 2, 2007, pp. 63-75.

De Carolis–Esposito–Falcucci–Ferrara–Rispoli 2009 = E. De Carolis, F.Esposito, C. Falcucci, D. Ferrara, P. Rispoli, Villa dei Misteri. Riflessioni sul progetto per il restauro degli apparati decorativi e lo studio delle tecniche di esecuzione, in VII Congresso Nazionale Lo stato dell'arte (Napoli, Castel dell'Ovo 8-10 ottobre 2009), Napoli 2009, pp. 513-520.

De Carolis–Patricelli–Ciarallo 1998 = E. De Carolis, G. Patricelli, A. Ciarallo, Rinvenimenti di corpi umani nell'area urbana di Pompei, in RStPomp IX, 1998 (2000), pp. 75-123.

De Carolis–Patricelli 2003a = E. De Carolis, G. Patricelli, Le vittime dell'eruzione, in A. d'Ambrosio, P.G. Guzzo, M. Mastroroberto (a cura di), Storie da un'eruzione. Pompei Ercolano Oplontis, Catalogo della mostra (Napoli 2003), Milano 2003, pp. 56-72.

De Carolis–Patricelli 2003b = E. De Carolis, G. Patricelli, Vesuvio 79 d.C.: la distruzione di Pompei ed Ercolano, Roma 2003.

Della Corte 1965 = M. Della Corte, Case ed abitanti di Pompei, Napoli 1965.

Delpino 2001 = F. Delpino, Vittorio Spinazzola. Tra Napoli e Pompei fra scandali e scavi, in P.G. Guzzo (a cura di), Pompei Scienza e Società, Milano 2001, pp. 51-61.

Di Gioia 2006 = E. Di Gioia, La ceramica invetriata in area vesuviana, Roma 2006.

Di Pasquale–Paolucci 2007 = G. Pascquale, F. Paolucci, Il giardino antico da Babilonia a Roma. Scienza, arte e natura, Catalogo della mostra (Firenze, maggio 2007), Livorno 2007.

Dunand 1973 = F. Dunand, Le culte d'Isis dans le bassin oriental de la Mediteranee, I-III, Leiden 1973.

Egittomania 2006 = AA.VV., Egittomania. Iside e il mistero, Catalogo della mostra (Napoli 2006), Milano 2006.

Esposito 2009 = D. Esposito, Le officine pittoriche di IV stile a Pompei. Dinamiche produttive ed economico-sociali, Roma 2009.

Freccero 2005 = A. Freccero, Pompeian Plasters. Insula I 9 and Forum, Roma 2005.

Freccero 2007 = A. Freccero, Pompeian plasters, in Quaderni di Studi Pompeiani 1, 2007, pp. 116-126.

GARCÍA Y GARCÍA 2006 = L. GARCÍA Y GARCÍA, *Danni di guerra a Pompei. Una dolorosa vicenda quasi dimenticata*, Roma 2006.

GIACHI–DE CAROLIS–PALLECCHI 2009 = G. GIACHI, E. DE CAROLIS, P. PALLECCHI, *Raw Materials in Pompeian Paintings: characterization of some colors from the archeological site*, in *Materials and Manufacturing Processes* 24, 9, 2009, pp. 1015-1022.

JASHEMSKI 1993 = W. F. JASHEMSKI, *The Gardens of Pompeii, Herculaneum and the Villas Destroyed by Vesuvius*, II, app., New Rochelle 1993.

MAIURI 1942 = A. MAIURI, *L'ultima fase edilizia di Pompei*, Spoleto 1942.

NSc = Notizie degli Scavi di Antichità.

PETERS 1977 = W.J. PETERS, *La composizione delle pareti dipinte nella Casa dei Vettii a Pompei,* in *MededRome* 39, 1977, pp. 95-128.

PIERATTINI 2009 = A. PIERATTINI, *Manuale del restauro archeologico di Ercolano*, Roma 2009.

Pitture e mosaici = AA. VV., *Pompei. Pitture e Mosaici*, I-X, 1990-2004.

PRISCO 2005 = G. PRISCO, *Su alcune particolarità tecniche delle officine addette alla decorazione della Domus Vettiorum*, in *Nuove ricerche archeologiche a Pompei ed Ercolano*, Atti del Convegno Internazionale (Roma, 28-30 novembre 2002), Napoli 2005, pp. 355-366.

RAGGHIANTI 1963 = C.L. RAGGHIANTI, *Pittori di Pompei*, Milano 1963.

RICHARDSON jr. 2000 = L. RICHARDSON jr., *A Catalogue of Identifiable Figure Painters of Ancient Pompeii, Herculaneum and Stabiae*, Baltimore 2000.

SAURON 2007 = G. SAURON, *La pittura allegorica a Pompei. Lo sguardo di Cicerone*, Barcelona 2007.

SAURON 2009 = G. SAURON, *Il volto segreto di Roma. L'arte privata tra la repubblica e l'Impero*, Barcelona 2009.

SCAGLIARINI CORLAITA 2001 = D. SCAGLIARINI CORLAITA, *Lucius pinxit: una firma insolita nelle pitture di Pompei*, in *La peinture funeraire antique, IV siecle av. J. C.-IV siecle ap. J.C.*, Actes du VIIe colloque de l'Association International pour la Peinture Murale Antique (Wien, 6-10 ottobre 1998), Paris 2001, pp. 323-326.

SETTIS 2006 = S. SETTIS, "*Il Papiro di Artemidoro: un libro di bottega e la storia dell'arte antica*, in *Le tre vite del Papiro di Artemidoro. Voci e sguardi dall'Egitto greco-romano*, Catalogo della mostra (Torino 2006), Milano 2006.

SPINAZZOLA 1953 = V. SPINAZZOLA, *Pompei alla luce degli scavi nuovi di via dell'Abbondanza (anni 1910-1923)*, opera postuma a cura di S. Aurigemma.

Tempi della documentazione 1981 = AA. VV., *Pompei 1748-1980. I tempi della documentazione*, Roma 1981.

TRAN TAM TINH 1964 = V. TRAN TAM TINH, *Essai sur le culte d'Isis a Pompei*, Paris 1964.

ZANKER 1993 = P. ZANKER, *Pompei. Società, immagini urbane e forma dell'abitare*, Torino 1993.

VIRIDIA IN URBE
Nuove prospettive per un settore minore del verde antico

di

*Anna Maria Liberati**

ABSTRACT

Iuridical documents cast new light on studies and researches dealing with ancient private gardens. In particular they testify the presence of plants and frameworks at the top of buildings, of flowerpots on terraces and private gardens into the courtyards. We owe to these documents a better comprehension of the many technical questions related to this item. These sources bring to us new data about building practices, systems for water supply and preservation of private green, exploring the complicated argument of good daily life relations among the inhabitants of ancient Roman cities.

Nella topografia di Roma antica le aree destinate a verde, sia inserite nelle grandi dimore patrizie che più tardi nelle ville imperiali, o ancora disposte nel tessuto urbano a seguito della creazione di grandi complessi monumentali, sono generalmente ben documentate. Le fonti infatti ne riportano l'esistenza a partire dal II secolo a.C., fornendo spesso una serie di dati che concorrono ad approfondire la loro conoscenza. A volte, in casi fortunati, le testimonianze letterarie sono accompagnate anche da quelle iconografiche.

Tutt'intorno alla città, ma anche al suo interno, prima che il grande sviluppo urbanistico si impadronisse di ogni spazio lasciato libero, sorgevano giardini ed *hortuli* dove alberi da frutto ed ortaggi venivano coltivati in piccoli appezzamenti di terreno attrezzati a tale scopo[1].

Anche a Pompei, città che come gli altri centri della Campania antica evoca immagini di giardini ed *horti*, il verde urbano è ampiamente testimoniato, in larga parte anche attraverso le evidenze icono-grafiche. L'elemento che distingue queste città di per sé importanti, ma ai margini della grande metropoli, è soprattutto la testimonianza di *viridaria*, *horti* domestici, frutteti e vigneti ad uso familiare o per la vendita al minuto. Una diversa realtà era offerta dai giardini ricavati all'interno delle ricche *domus*, in cui le più disparate essenze vegetali si accompagnavano a giochi d'acqua e zone attrezzate per il riposo o il convito. Per ricostruire questo genere di testimonianze, oltre alle fonti iconografiche e agli scavi, sono state di fondamentale importanza le complesse indagini degli ultimi decenni che hanno contribuito, tra l'altro, a delineare la mappa delle aree verdi dell'antica Pompei[2].

Ad Ostia, geograficamente e concettualmente più vicina a Roma, i giardini furono per lo più frutto di una pianificazione urbanistica volta a razionalizzare nuovi quartieri. Anche se questa città è conosciuta perché conserva i resti di molte abitazioni a carattere intensivo, del tutto assente è la percezione della dimensione privata che, viceversa, troviamo ampiamente documentata a Pompei e in parte a Roma, grazie alle fonti letterarie[3]. Le tre realtà urbane, dunque, nel loro complesso aiutano a delineare il volto quotidiano di una città antica.

In questo panorama di pubblico e privato, di tranquilli ambienti domestici e lussuose abitazioni, di grandi città e di centri periferici, si nota l'assenza di interesse per alcuni aspetti di un elemento che dovette caratterizzare in generale la città antica: il più modesto verde privato, *viridia*. In particolare tale assenza di interesse è evidente nei contesti diversi da quelli in cui le evidenze consentano un immediato approccio al verde privato e per i quali rarissime siano le fonti letterarie e iconografiche e dove tutto ciò che l'indagine archeologica è riuscita a rilevare riguarda per lo più l'esistenza di ridotti spazi verdi inseriti nei cortili interni degli edifici.

In quest'ambito, nella generalità dei casi, si riscontra un'assenza di documentazione pressoché totale, dovuta a problemi oggettivi di sopravvivenza di tali spazi ed alla precarietà di determinate situazioni. Eppure è nota, ad esempio, la presenza di verde nelle *insulae*, fosse stato esso rappresentato da pochi alberi in un ridotto spazio al centro di un caseggiato, che costituito da arbusti e piante in vaso collocate ai piani alti degli stabili su davanzali, balconi, terrazzi o cornicioni.

Tale campo d'indagine, che pure servirebbe a completare il quadro sul verde antico, è passato sempre inosservato, essendo per lo più l'attenzione delle fonti rivolta a sottolineare il lusso dei giardini delle grandi ville o la ricchezza del verde pompeiano. Poiché invece tale argomento è molto più modestamente collegato al vivere quotidiano della gente comune e, in molti casi, come si vedrà, ai loro rapporti interpersonali, la mia attenzione si è rivolta alle fonti giuridiche, a torto troppo spesso trascurate in campo archeologico, perché proprio in questo genere di documentazione si trovano interessanti testimonianze del tema che qui si vuole affrontare[4].

Chiaramente, i risultati di questa indagine sono da riferirsi al verde domestico dei centri urbani nei quali trovò applicazione il diritto romano, non limitandosi alle singole realtà sopra esplicitamente richiamate. Restano dunque esclusi quei centri che, nel corso del tempo e nel complesso schema dei rapporti con Roma, mantennero una sfera di autonomia tale da consentire loro anche la sopravvivenza del proprio diritto privato.

Il tema del verde privato trova precisi riscontri nell'ambito del diritto civile[5], essendo collegato a diversi aspetti riguardanti sia i diritti reali, che quelli relativi o di obbligazione[6]. Diritto reale per eccellenza era quello che in epoca moderna è noto come proprietà e che poteva essere soggetto a limitazioni disposte anche nell'interesse di altri singoli proprietari confinanti:

Fig. 1. Ricostruzione ipotetica della presenza di verde privato nei piani alti delle insulae. Da un disegno dei primi anni del Novecento.

talune di queste limitazioni stabilite in età arcaica e riferite alla proprietà immobiliare non sono estranee al problema che qui interessa.

Esistono testimonianze di una serie di norme in tal senso già nella *Lex XII Tabularum*, redatta tra il 451 ed il 450 a.C. Esse sono relative ai reciproci rapporti tra proprietari di immobili e tese a garantire che al titolare del diritto, nel proprio *praedium*, fossero impedite attività che, indipendentemente dalla volontà di cagionare un danno, risultassero comunque lesive per il fondo del vicino[7].

Nonostante l'arcaicità della normativa e del contesto urbano in cui trovava applicazione, due disposizioni decemvirali riguardano da vicino l'oggetto di questa indagine. La prima si riferisce all'ipotesi "*si aqua pluvia nocet*", cioè al caso in cui l'acqua piovana canalizzata in un fondo provocasse con tale nuova canalizzazione danni ai fondi vicini. La ricostruzione della fonte non consente di affermare nulla di più preciso riguardo la concreta disciplina di questo caso, ma si ritiene tuttavia che essa non dovesse essere troppo diversa da quella attestata per l'età tardo repubblicana e classica dall'*actio aquae pluviae arcendae*.

Tale azione giudiziaria poteva essere intentata contro il titolare del fondo nel caso in cui taluno, anche diverso dal titolare, avesse effettuato in quel fondo opere tali da modificare il corso naturale dell'acqua piovana provocando in tal modo l'afflusso o il riflusso di eccessive quantità d'acqua verso i fondi inferiori o superiori. L'uso di tali acque però poteva anche essere collegato alla coltivazione stessa del fondo, al punto che i lavori di coltivazione non costituivano un'opera compresa tra quelle che permettessero di esercitare l'*actio aquae pluviae arcendae*. In caso invece di deflusso o riflusso naturale delle acque, cioè non influenzato da un'opera umana, *opus*, non risulta, né in età tardo repubblicana, né in età classica, la possibilità di intentare questa azione.

La seconda disposizione contenuta nella *Lex XII Tabularum* e che qui direttamente interessa, è relativa alla disciplina *de arboribus caedendis* e *de glande legenda*. Quanto al problema degli alberi che, posti sul confine tra due *praedia* sporgessero con i propri rami, un frammento di Ulpiano[8] informa che "*lex XII tab. efficere voluit, ut XV pedes altius rami arboris circumcidantur*", cioè il diritto per il titolare di un fondo di tagliare i rami sporgenti dal fondo altrui sul proprio, fino ad un'altezza di 15 piedi da terra. Il legno così tagliato diveniva di proprietà del titolare del fondo su cui sporgevano i rami. Ciò valeva anche nel caso in cui l'albero fosse stato piegato verso il fondo altrui non a seguito del naturale sviluppo, ma in seguito a particolari circostanze, come risulta da un passo di Pomponio[9] : "*Si arbor ex vicini fundo vento inclinata in tuum fundum sit, ex lege XII tab. de adimenda ea recte agere potes*". Dal confronto con ulteriori passi di Paolo e di Festo[10], è agevole comprendere che il taglio degli alberi in queste occasioni avesse pertinenza anche con "*lucem mittere*" e che tale evenienza potesse darsi "*in alienas aedes [...] vel vicini agrum*", e dunque non necessariamente, dopo l'età arcaica, in un contesto esclusivamente rustico e comunque non urbano.

Se, invece, l'albero sporgente fosse stato fruttifero e i frutti fossero caduti nel fondo del vicino, il proprietario dell'albero aveva il diritto di accedere al fondo di costui per raccoglierli a giorni alterni, come risulta da un frammento di Plinio: "*Cautum est lege XII tab. ut glandem in alienum fundum procidentem liceret colligere*"[11]. In età imperiale tali norme vennero riprese negli *interdicta de arboribus caedendis* e *de glande legenda*.

Questi mezzi processuali arcaici e i loro sviluppi in età tardo repubblicana e classica sopra ricordati, sono rilevanti ai fini della trattazione del problema che qui interessa in quanto rivolti a regolare rapporti che potevano sorgere anche in occasione della creazione e della cura di spazi verdi in ambienti urbani, al connesso uso dell'acqua e al problema dell'afflusso di luce ed aria, anche se la loro incidenza andrebbe considerata nei singoli periodi ed in relazione allo sviluppo urbano. Una disciplina relativa al diritto di proprietà che, invece, per sua natura appare essere comunque rilevante ai fini dei rapporti giuridici che potevano sorgere in occasione dell'uso di acqua per mantenere il verde urbano, è sicuramente quella relativa alle immissioni.

La disciplina delle immissioni regolava alcuni aspetti della convivenza tra vicini indipendentemente da possibili rapporti di servitù, di cui si tratterà più avanti. Essa regolamentava dunque la produzione di fumo, odori, polvere, umidità, vapori o liquidi che transitassero da un *praedium* ad un altro. Con particolare riferimento alle *insulae*, risulta chiaro infatti che la presenza di verde ai piani alti di queste dovesse prevedere la presenza di acqua necessaria al suo sostentamento. L'uso di acqua che finisse per cadere nei piani sottostanti, in tale contesto poteva risultare dannoso per alcuno ed ingenerare una controversia giudiziaria. Ulpiano accomuna questo caso alle immissioni di fumo di un caseificio: "*Aristo Cerellio Vitali respondit se ex taberna casiaria fumum in superiora aedificia iure immitti posse, nisi ei rei serviunt: nam servitutem talem admittit. Idemque ait: et ex superiore in inferiora non aquam, non quid aliud immitti licet: in suo enim alii hactenus facere licet, quatenus nihil in alienum immittat, fumi autem sicut aquae esse immissionem: posse igitur superiorem cum inferiore agere ius illi non esse id ita facere*". La rigidità del precetto secondo cui "*in suo enim alii hactenus facere licet, quatenus nihil in alienum immittat [...]*" è tuttavia limitata qualora l'immissione non superi una certa soglia di dannosità da verificare caso per caso[12].

Se dunque la questione della caduta dell'acqua utilizzata per mantenere in vita le piante doveva probabilmente essere risolta in termini di immissioni, resta il problema della modalità attraverso cui tali risorse idriche potevano essere condotte all'interno degli stabili. Nelle fonti giuridiche si trova testimonianza di tubature o canali destinati a permettere lo scorrimento dell'acqua. Ovviamente è solo ipotizzabile che, al di là della loro funzione originaria, queste tubazioni potessero servire ad addurre o distribuire l'acqua utilizzata per il mantenimento del verde.

Di particolare interesse è un frammento di Paolo[13] tratto dal sesto libro *ad Sabinum*[14], in cui il giurista, esemplificando una serie di danni causati al vicino dall'acqua o dall'umidità impiegata o prodotta all'interno di un *praedium* altrui, così si esprime: "*Fistulam iunctam parieti communi, quae aut ex castello aut ex caelo aquam capit, non iure haberi Proculus ait [...]*"[15]. Indirettamente, dunque, Paolo conferma che in tali tubazioni potesse scorrere acqua piovana ed acqua di altra provenienza, cioè addotta da un acquedotto, come lascia intendere il fatto che il tubo di cui parla il frammento "*aut ex castello aut ex caelo aquam capit*". Non sem-

Fig. 2. Ipotesi ricostruttiva del posizionamento di vasi su elementi architettonici prospicienti la pubblica via. Da un disegno dei primi anni del Novecento.

bra quindi azzardato ipotizzare che l'acqua addotta dagli acquedotti, al di là dell'impiego consentito per altre e più primarie funzioni, potesse essere impiegata impropriamente anche per annaffiare e mantenere il verde.

In via generale ed ancora in tema di tubature, Pomponio, in un frammento tratto dal libro decimo *ad Sabinum* afferma che: "*Si fistulae, per quas aquam ducas, aedibus meis applicatae damnum mihi dent, in factum actio mihi competit: sed et damni infecti stipulari a te potero*"[16]. Sempre a proposito della possibilità di collocare tubi o canali, "*usufructuarius novum rivum parietibus non potest inponere*"[17].

La questione è purtroppo collegata al dato che nulla o quasi rimane delle abitazioni a più piani[18]. Sicuramente, in alcuni stabili, che non sono certamente quelli descritti in maniera volutamente deformata dalle fonti letterarie, l'acqua poteva essere disponibile per alcune categorie di utenti e adoperata anche con una certa profusione, come sembrano provare le fonti sopra riportate[19].

Oltre alla proprietà ed alle sue limitazioni, un altro diritto reale in grado di provocare interessanti riflessioni relative al tema che qui interessa, è costituito dal diritto reale di servitù ed in particolare da quelle figure sorte intorno al III-II secolo a.C. in concomitanza con lo sviluppo della città[20]. L'importanza del verde privato nei rapporti regolati da questo diritto reale è testimoniata dal fatto stesso che il giurista Pomponio nel chiarire la natura giuridica del diritto di servitù fa esplicito riferimento a tale argomento: "*Servitutium non ea natura est, ut aliquid faciat quis, veluti viridia tollat aut amoeniorem prospectum praestet, aut in hoc ut in suo pingat, sed ut aliquid patiatur aut non faciat*"[21].

Tralasciando alcune delle figure di servitù che qui non interessa-

Fig. 3. Ostia antica. Giardino collocato in un cortile interno del Caseggiato dei Dipinti.

no in maniera particolare, mi soffermerò essenzialmente su alcune di quelle urbane, come la *servitus stillicidii* che regolamentava lo stillicidio dell'acqua dai piani alti. Ancora una volta, esaminando le fonti giuridiche si ha la sensazione di avvicinarsi ad una città molto simile all'attuale nella complessa disciplina dei rapporti tra i suoi abitanti. Ciò si deve al metodo seguito dai giuristi romani, che imponeva loro di analizzare ogni evenienza che avesse potuto sorgere all'interno di una data comunità con riferimento alle circostanze ed ai casi pratici di cui realmente essi potevano essere investiti. Tale particolare approccio, che considera il caso concreto e perviene alla categoria giuridica, permette oggi di evidenziare attraverso il ricorso ai casi contenuti nelle opere dei giuristi molti aspetti della vita quotidiana altrimenti poco o nulla noti e, nel caso presente, soprattutto consente di scoprire l'esistenza in ambito urbano di piccoli giardini e piante verdi e come essi potessero incidere nei rapporti tra privati[22].

Scrive infatti il giurista Giavoleno, riportando un passo di un'opera antecedente: "*Aedificia, quae servitutem patiantur ne quid altius tollatur, viridia supra eam altitudinem habere possunt: at si de prospectu est eaquae obstatura sunt, non possunt*"[23].

Giavoleno riporta un parere su una questione riguardante due delle più note servitù urbane, la *servitus altius non tollendi* e la *servitus ne prospectui officiatur*. La prima imponeva al titolare del fondo servente di non costruire oltre una data altezza e il giurista si chiede se fosse consentita o meno la presenza, all'ultimo piano dell'edificio, di piante la cui altezza determinasse il superamento del limite imposto dalla servitù. La risposta di Giavoleno, recepita a livello normativo, è che la presenza di *viridia* non incide sulla servitù e pertanto "*habere possunt*": ciò si spiega perché l'esistenza di piante che superino il limite di altezza imposto dalla servitù all'edificio servente, non implica affatto uno sviluppo in altezza della costruzione, che sarebbe invece vietato.

Diverso è invece il caso riferito alla servitù di prospetto. Infatti in questa ipotesi, il fondo servente è tenuto a non porre in essere alcuna opera che possa ledere al fondo dominante il "prospetto" garantito dalla servitù, cioè una vista di particolare pregio, libera di estendersi senza ostacoli di ogni natura. Si comprende dunque la diversa soluzione di Giavoleno in questo caso, poiché il giurista ritiene che il verde situato sull'edificio servente all'interno di un rapporto di servitù relativo al prospetto non possa essere mantenuto: " [...] *viridia* [...] *non possunt*"[24].

Il passo di Giavoleno permette ulteriori riflessioni riguardo il tema del verde privato. Infatti in ambedue le ipotesi considerate dal giurista, si deve necessariamente ritenere che il verde all'interno delle abitazioni o ai piani alti delle stesse, potesse essere anche di significative dimensioni per quantità e sviluppo. In caso contrario, infatti, il giurista non avrebbe avuto motivo di farne oggetto di una specifica trattazione. Proprio per questo è anche possibile ipotizzare con un ragionevole grado di certezza che la situazione descritta da Giavoleno dovesse essere piuttosto comune ed ingenerare controversie analoghe a quelle trattate nel frammento citato[25].

La giurisprudenza, dunque, interessandosi alle possibili turbative al godimento di servitù urbane fa esplicito riferimento all'esistenza di *viridia* situati ai piani alti dei caseggiati, ma essa si occupa del verde privato anche in altre circostanze.

Infatti Ulpiano, in un frammento tratto dal libro ventinovesimo *ad Sabinum* relativo alla servitù di luce, *servitus ne luminibus officiatur*, affronta il problema degli alberi che, piantati tra gli edifici, con il loro sviluppo avrebbero potuto impedire l'illuminazione solare, *lumen*, di alcuni vani ed in particolare di un *heliocaminus*[26] e di un *solarium*[27].

Il caso trattato si riferisce presumibilmente al verde di cortili interni sui quali si affacciano le finestre delle abitazioni o i terrazzi e secondo il giurista per decidere sulla liceità o meno del verde privato in presenza di una servitù di luce occorre distinguere tra casi.

Il primo caso riguarda colui che pianta un albero che impedisca la luce. Tale comportamento deve intendersi, secondo il giurista, in contrasto con la servitù di luce: "*nam et arbor efficit, quo minus caeli videri possit*".

Il secondo caso riguarda invece colui che pianti un albero in modo da consentire il passaggio della luce ma contemporaneamente tolga il sole a taluni ambienti prospicienti l'albero stesso. In questo caso Ulpiano ritiene che si debba operare un'ulteriore distinzione. Infatti è lecito mantenere un albero che senza togliere la luce tolga però il sole *si quidem eo loci, quo gratum erat eum non esse*". Invece è illegittimo piantare un albero di fronte "*heliocamino vel solario* [...] *quia umbram facit in loco cui sol fuit necessarius*". Se ne desume la liceità di piantare un albero che pur consentendo di vedere il cielo tolga il sole solo se l'albero sorga in un luogo dove non sia utile che giungano i raggi del sole.

Il terzo caso riguarda la liceità o meno del taglio di rami che renda un luogo già in ombra eccessivamente esposto all'illuminazione solare. In questa ipotesi, secondo il giurista non si agisce contro la servitù di luce, ma anzi si attua un comportamento ad essa conseguente, perché tagliando i rami "*non luminibus officit, sed plus aequo lumen facit*"[28].

Anche questo frammento di Ulpiano si offre a riflessioni più generali sulla presenza di verde privato nelle abitazioni. Infatti un dato che sembra potersi trarre dal testo sopra ricordato è quello della presenza di alberi anche di alto fusto

o ad ampia chioma all'interno di contesti che, come sembrerebbero suggerire gli stessi termini del problema posto dal giurista, sono probabilmente da identificare con cortili interni.

Un altro interessante caso è riportato da Alfeno in un frammento tratto dal libro secondo dei *Digesta*, in cui si tratta dell'azione giudiziaria di rivendicazione della servitù[29]: "*Cum in domo Gaii Sei locus quidam aedibus Anni ita serviret, ut in eo loco positum habere ius Seio non esset, et Seius in eo silvam sevisset, in qua labra et tenes cucumellas positas haberet, Annio consilium omnes iuris periti dederunt, ut cum eo ageret ius ei non esse in eo loco ea posita habere invito se*"[30]. Dopo aver citato anche l'analogo esempio di una parete resa fradicia dalla presenza di un letamaio ad essa addossato, Alfeno suggerisce alternativamente l'esercizio di una *actio negatoria servitutis* o una stipulazione *damni infecti*, quale garanzia per eventuali danni derivati dalle azioni di chi avesse posto in essere tali comportamenti pur non avendone il diritto[31].

La testimonianza è interessante perché prende in considerazione coloro che "*silvam sevisset in qua labra et tenes cucumellas positas haberet*" e, al di là delle autorevoli e severe parole di Alfeno, offre dunque la possibilità di intravedere l'esistenza di un orto di tipo familiare ma per nulla piccolo, anzi talmente rigoglioso da essere definito una vera e propria selva, con tanto di semenzaio e riserve d'acqua per bagnare. La fonte è interessata solo allo specifico problema giuridico e non si sofferma sulle circostanze che avevano indotto Seio a creare l'orto, né sulla natura e destinazione dei prodotti. Anche in considerazione delle caratteristiche di questa "*silva*" in miniatura, non appare eccessivamente azzardato ipotizzare che i diversi prodotti fossero destinati non solo all'uso familiare, ma anche venduti al minuto.

Tale fonte deve porsi in stretta correlazione con un ulteriore caso proposto immediatamente di seguito ad esso dallo stesso Alfeno: quello di colui che *"parietem vicinus sterculinum fecerat, ex quo paries madescebat"*[32]. Anche in questo caso il giurista suggerisce di convenire in giudizio il vicino che ha depositato il letame attraverso un'*actio negatoria servitutis* che chiarisca la mancanza di un diritto di servitù in tal senso o attraverso una *stipulatio damni infecti*[33]. Ciò che qui interessa rilevare, tuttavia, è che anche in questo caso il letame ammassato lungo la parete doveva servire con ogni verosimiglianza al mantenimento di un orto. Il vivido quadro che ne deriva suggerisce la presenza non solo di verde ornamentale come quello trattato nei frammenti di Giavoleno e di Ulpiano, ma anche di vere e proprie coltivazioni ad uso domestico o afferenti al piccolo commercio ed alla rivendita[34].

Da tutto quanto detto sinora emerge che gli spazi verdi, fossero essi destinati alla coltivazione o all'abbellimento, potevano implicare la nascita di controversie giudiziarie che spesso avevano origine nelle attività necessarie alla loro cura. Tra queste attività, come si è accennato più sopra era anche l'annaffiatura, che poteva essere alla base di liti nel caso avesse provocato molestia al titolare di un fondo verso cui l'acqua fosse ricaduta. Si è già ricordato come l'inquadramento giuridico di tale attività fosse quello delle immissioni e che, pertanto, specie con riferimento alla tipologia abitativa delle *insulae*, la caduta di acqua per l'annaffiatura del verde fosse tollerata se non avesse ecceduto una soglia da determinarsi nel caso concreto tenuto conto delle circostanze pratiche. Nonostante ciò, si ritiene utile, per questioni di completezza, accennare a talune tipologie di servitù urbane in materia di acqua per comprendere le ragioni che impediscono di inquadrare la caduta dell'acqua usata per l'annaffiatura dei *viridia* all'interno del diritto reale di servitù di stillicidio.

In generale, infatti, lo scorrimento dell'acqua tra due *praedia*, poteva certamente essere regolato da un diritto di servitù, come affermato da Paolo in un frammento che tratta più in generale del possesso di una servitù: *"Servitutes, quae in superficie consistunt, possessione retinentur* [...]. *Idem eveniet et si menianum in tuum inmissum habuero aut stillicidium in tuum proiecero, quia in tuo aliquid utor et sic quasi facto quodam possideo"*[35].

Il passo si riferisce esclusivamente all'acqua piovana e non già a quella collegata all'opera dell'uomo, come nel caso dell'acqua per annaffiare o comunque di quella non avente origine naturale. Paolo infatti, dopo aver citato esempi che possono ricollegarsi solo all'acqua piovana, così si esprime in questo frammento tratto dal quindicesimo libro *ad Sabinum* e relativo ai casi in cui si possa o meno riconoscere una servitù di stillicidio o di scolo: *"Foramen in imo pariete conclavis vel triclinii, quod esset proluendi pavimenti causa, id neque flumen esse neque tempore adquiri placuit. Hoc ita verum est, si in eum locum nihil ex caelo aquae veniat (neque enim perpetuam causam habet quod manu fit): at quod ex caelo cadit, etsi non adsidue fit, ex naturali tamen causa fit et ideo perpetuo fieri existimatur. Omnes autem servitutes praediorum perpetuas causas habere debent, et ideo neque ex lacu neque ex stagno concedi aquae ductus potest. Stillicidii quoque immittendi naturalis et perpetua causa esse debet"*[36].

Un altro diritto reale, elaborato con il passare del tempo dai Romani e avente il carattere di signoria sulla *res*, ma dal contenuto più limitato rispetto a quello della proprietà, era l'usufrutto, definito da Paolo come *"ius alienis rebus utendi fruendi salva rerum substantia"*[37]. In particolare, nell'esaminare le fonti relative a questo istituto, si viene a conoscenza anche di una sorta di rispetto e tutela del verde, anche se sempre da inquadrarsi all'interno delle specificità di tale diritto reale di godimento sulla cosa altrui e mai da considerarsi imputabile ad un'idea di protezione del verde in sé. In altri termini, il verde non veniva tutelato contro innovazioni dell'usufruttuario per motivi collegati al suo valore, ma per rispettare la destinazione che il proprietario aveva voluto assegnare al bene collocandovi spazi verdi.

L'usufrutto infatti prevedeva una signoria sulla cosa estremamente ampia e molto simile a quella del proprietario della cosa stessa, ma limitata dal fatto che l'usufruttuario non avrebbe potuto in alcun modo impiegare la cosa oggetto dell'usufrutto per un fine non consono alla destinazione socio-economica della cosa stessa così come definita dal proprietario. Esclusivamente a tale fondamentale limitazione si collegano la serie di obblighi e di divieti che interessano da vicino il tema trattato.

Le fonti chiariscono come l'usufrutto possa costituirsi sia su cose mobili che immobili, quindi anche *"in fundo et aedibus"*[38]. Risulta quindi chiaro che, prendendo in considerazione i poteri dell'usufruttuario, la giurisprudenza dovesse interessarsi della sorte del verde di un *praedium*: a tal proposito essa non distingue tra *praedia* urbani e rustici e si deve pertanto ritenere che la disciplina relativa al verde rustico sia, sotto questo profilo, da considerarsi applicabile anche a quello urbano, per quanto possibile in relazione alla diversità degli spazi ed alla connessa diversa tipologia delle colture. Da un punto di vista strettamente giuridico, inoltre, la differenza tra verde urbano e rustico ai fini della valutazione dei poteri e degli obblighi dell'usufruttuario, non avrebbe avuto senso alcuno, rilevando sempre e soltanto la destinazione imposta al fondo dal proprietario.

Tra i doveri dell'usufruttuario vi era pertanto anche quello della cura e del mantenimento del verde che il proprietario aveva collocato nel fondo e tale obbligo era pacificamente compreso in quello generale relativo al mantenimento della *res*: "[…] *fructuarium per arbitrum cogi reficere, quemadmodum adserere cogitur arbores* ‹in sostituzione di quelli morti o caduti›"[39]. Del resto era obbligo del proprietario della cosa effettuare tutti quegli interventi che permettessero all'usufruttuario di esercitare il proprio diritto, così ad esempio "*Si arbores vento deiectas dominus non tollat, per quod incommodior is sit usus fructus vel iter, suis actionibus usufructuario cum eo experiundum*"[40].

È importante chiarire che, seppure l'usufrutto permetteva al titolare del diritto di fare propri i frutti della cosa, rispetto alle colture arboree ciò non era valido per il taglio di alberi di alto fusto, come ricordato da Paolo: "*Sed si grandes arbores essent, non posse eas caedere*"[41].

In tema di frutti naturali degli alberi, viene presa in considerazione una particolare ipotesi riguardo il loro regime giuridico. Il caso trattato è quello del ladro, *fur*, che abbia sottratto dei frutti da un albero gravato da un usufrutto: chi sarebbe stato legittimato a perseguire il ladro sia al fine di vederlo condannato ad una *poena* pecuniaria che al fine di riottenere i beni, l'usufruttuario o il proprietario? Ulpiano riporta la riflessione di Giuliano, il quale afferma che, benché i frutti dell'albero diventino dell'usufruttuario soltanto quando costui li col-

Fig. 4. Piante in vaso e arbusti su terrazze e cornicioni nell'affresco della villa di P. Fannio Sinistore a Boscoreale.

ga, nondimeno a lui spetta citare il *fur* per la *poena* attraverso "[…] *furti actionem, quoniam interfuit eius fructus non esse ablatos*", mentre al proprietario dell'albero spetta l'azione di rivendica del bene sottratto: "[…] *magis proprietario condictionem competere*"[42].

Da quanto detto, si evince come, per la questione che qui interessa, l'applicazione delle norme generali dell'usufrutto potesse avere esiti non dissimili da quella che oggi si definirebbe una vera e propria tutela del verde, pur muovendo da presupposti decisamente diversi da quelli moderni ed operando soltanto nel caso in cui gli

spazi verdi avessero connotato talmente la *res* che una sua modificazione avrebbe potuto alterarne la destinazione socio-economica. A questo proposito, appare utile riportare un altro passo di Ulpiano, anche se non perfettamente aderente al tema qui trattato. Il giurista chiarisce che: "*Et si forte voluptarium fuit praedium, virdiaria vel gestationes vel deambulationes arboribus infructuosis opacas atque amoenas habens, non debebit deicere, ut forte hortos olitorios faciat vel aliud quid, quod ad reditum spectat*". Nello stesso frammento, occupandosi ancora una volta delle modificazioni non consentite all'usufruttuario, Ulpiano ribadisce che "*Sed neque diaetas trasformare vel coniungere,* [...] *vel virdiaria ad alium modum convertere* [...]"[43].

In età tardo antica, si rileva la tendenza della legislazione imperiale ad intervenire in modo molto diretto rispetto all'esplicazione dei poteri collegati alla titolarità dei diritti reali ed in particolare della proprietà. Tali interventi pur non costituendo vere e proprie espropriazioni, limitano fortemente la proprietà e gli altri diritti reali sulla base di considerazioni collegate alla pubblica utilità o, in modo particolare, al decoro urbano. Il più noto di tali provvedimenti è la costituzione emanata dall'imperatore d'Oriente Zenone ed indirizzata al prefetto urbano di Costantinopoli Adamantio. Lo scopo di tale provvedimento era quello di creare un vero e proprio regolamento urbanistico per la capitale Costantinopoli, anche chiarendo alcuni punti oscuri di una precedente opera legislativa dell'imperatore Leone che, nella pratica, si prestavano ad interpretazioni talvolta contrarie allo spirito della legge.

Per comprendere l'utilità di tale opera all'interno del peculiare contesto di Costantinopoli, si deve considerare che era necessario dotare la nuova capitale imperiale dell'apparato urbanistico che Roma era andata construendosi pressoché ininterrottamente nei secoli. Per tale motivo l'autorità pubblica ebbe cura di emanare una serie di disposizioni mirate a far si che la città, che in precedenza non si era sviluppata urbanisticamente come una capitale imperiale, potesse trasformarsi nella maniera più consona alla sua nuova funzione. In quest'ottica all'interno dell'articolato dispositivo normativo di Zenone trova uno spazio solo apparentemente secondario anche l'argomento *de hortis et arboribus*. Rivolgendosi al prefetto urbano, responsabile dell'applicazione del regolamento, l'imperatore ricorda che nella precedente legislazione di Leone non era stato contemplato il problema degli *horti* e degli *arbores* ed afferma che è sua intenzione non aggiungere nulla in proposito, concludendo che non sembra convenente che aree della città siano gravate da servitù relative a questo genere di verde. A ben vedere così disponendo, l'imperatore sostanzialmente limitava, al fine del decoro urbano, la possibilità di mantenere *horti* ed *arbores* soltanto nella propria proprietà, vietando di stipulare con un vicino forme di servitù che in qualsiasi modo favorissero lo sviluppo, al di fuori della propria abitazione, di tale verde privato che così sarebbe stato costretto in dimensioni limitate: infatti lo stesso vicino avrebbe potuto agire per contenere lo sviluppo del verde privato altrui nel proprio fondo[44].

Esaminate le fonti che interessano questo studio relativamente ai diritti reali, passiamo ora ad esaminare i diritti di obbligazione, nei quali il tema del verde privato trova puntuali riferimenti anche nelle *actiones* pretorie nell'ambito del processo civile. Esistevano infatti alcuni atti illeciti rilevanti sul piano del diritto privato che generavano obbligazioni definite dai giuristi *quasi ex delicto*, come ad esempio la caduta di oggetti dai piani alti e l'incauto posizionamento di oggetti sopra un pubblico passaggio. Anche in questo caso l'editto del pretore venne ad integrare l'antico *ius civile* prevedendo un'apposita tutela per le situazioni giuridiche determinatesi con lo sviluppo sociale ed urbano e pertanto tenendo necessariamente conto anche del fenomeno della proliferazione delle nuove soluzioni abitative costituite dagli immobili a più piani.

A tal proposito, nel titolo III del libro IX del Digesto vengono trattate le azioni giudiziarie contro alcuni atti illeciti relativi a "*de his, qui effuderint vel deiecerint*" e a coloro che su tettoie o cornicioni abbiano posto "[...] *id* [...] *cuius casus nocere cui possit*": due ipotesi che, anche in considerazione di altre fonti, possono agevolmente riferirsi alla caduta di vasi posti ad ornamento di ballatoi e davanzali[45].

Nel primo caso Ulpiano riporta la *formula* dell'azione concessa dal pretore: "*Unde in eum locum, quo vulgo iter fiet vel in quo consistetur, deiectum vel effusum quid erit, quantum ex ea re damnum datum factumve erit, in eum, qui ibi abitaverit, in duplum iudicium dabo*". La *formula* prosegue descrivendo la *poena* pecuniaria nei casi diversi da quello ora descritto: per l'uccisione di un uomo libero Giustiniano la stabilì in 50 aurei, mentre per danni d'altro genere la misura era rimessa all'equo apprezzamento del giudice[46].

È interessante notare che "*Iudex enim computare debet mercedes medicis praestitas ceteraque impendia, quae in curatione facta sunt, praeterea operarum quibus caruit aut cariturus est ob id quod inutilis factus est*"[47].

Anche nel secondo caso Ulpiano riporta la *formula* pretoria. "*Ne quis in suggrunda protectove supra eum locum, quo vulgo iter fiet inve quo consistetur, id positum habeat, cuius casus nocere cui possit*". La *formula* prosegue anche in questo caso indicando la *poena* pecuniaria, stabilita in epoca giustinianea in 10 solidi. Nello stesso frammento, il giurista chiarisce che, quanto all'espressione "*id positum habeat*", "[...] *accipere debemus positum sive in habitationis vel cenaculi, sive etiam in horrei vel cuius alterius aedificii*"[48].

Da ultimo, mi sembra significativo concludere questa sintetica esposizione con un passo di Giovenale, utile anche al fine di rimarcare ancora una volta che, nello studio del verde privato di modeste dimensioni, l'integrazione degli scarsi dati a disposizione con le preziose testimonianze offerte dalle fonti giuridiche contribuisce non solo a far luce su un argomento in alcuni contesti così poco conosciuto, ma anche ad annullare la distanza tra la città antica e quella attuale, rivelando impensati scorci di vita quotidiana.

I graffianti versi del poeta tratteggiano la stessa realtà urbana dei *viridia* oggetto della riflessione dei giuristi sotto il profilo dei diversi rapporti tra privati cui potevano dare luogo.

Infatti il passo dell'autore antico illustra in forma diversa quanto esposto dalle stesse fonti giuridiche, rapportandolo alla dimensione di un ignoto e qualunque abitante dell'Urbe:

"E pensa ora a tutti i diversi pericoli della notte: la distanza da te alla cima dei tetti, da dove una tegola può sempre piombar giù a spaccarti la testa: i vasi crepati e rotti che spesso cadono dalle finestre: guarda che segni lasciano sul marciapiede! Può capitarti di essere preso per un pigro ed un improvvido, che non si cura degli incidenti improvvisi, se esci di casa per recarti a cena da qualche parte senza prima aver fatto testamento. Tante volte puoi morire, quante sono di notte le finestre aperte sulla strada per la quale tu passi"[49].

* amls@libero.it

NOTE

[1] Per una panoramica completa su tale argomento si veda il classico GRIMAL 1990. Per singole notizie riguardanti Roma si consulti STEINBY 1996, pp. 51-88, nonché CIMA–LA ROCCA 1998.

[2] Naturalmente è impossibile in questa sede indicare con completezza la bibliografia su Pompei, pertanto mi limiterò a segnalare alcune recenti opere di riferimento: CIARALLO 1992; AA.VV. 1992; CIARALLO 2004; DI PASQUALE–PAOLUCCI 2007, che offre una panoramica completa ed aggiornata sui giardini di Pompei ed Ercolano.

[3] Su Ostia antica si veda PAVOLINI 1986. Utile per il tema che qui interessa è anche la *Guida Archeologica di Ostia* dello stesso autore (PAVOLINI 1983).

[4] Le fonti giurisprudenziali impiegate sono quelle contenute nei *Digesta*, la compilazione riassuntiva della giurisprudenza classica pubblicata in Costantinopoli il 16 dicembre 533 d.C. dall'imperatore Giustiniano e destinata all'impiego come diritto vigente. Le edizioni moderne consultate sono MOMMSEN–KRÜGER 2000, nonché l'edizione italiana di Giovanni Vignali (VIGNALI 1856-1862) e quella in corso di stampa a cura di Sandro Schipani (SCHIPANI 2005-continua) con particolare riferimento al vol. II.

[5] Il diritto civile o privato è definito da Ulpiano, *Dig.*, 1, 1, 1, 2 come quello *"quod ad singulorum utilitatem spectat"*. L'espressione *ius civile* distingue anche il nucleo del più antico diritto romano, lo *ius Quiritium*, rispetto al complesso delle innovazioni complementari introdotte nel diritto privato dagli *edicta* dei magistrati, lo *ius honorarium*.

[6] Nel diritto assoluto o reale, il titolare del diritto può vantare una relazione immediata tra sé e la *res* oggetto del diritto, mentre nei diritti relativi o di obbligazione l'esercizio di un diritto proprio dipende dalla collaborazione di un altro soggetto.

[7] *Lex XII Tabularum*, VII, 8a; 9a-b; 10. L'edizione consultata è in RICCOBONO 2007, pp. 50-51. Si veda anche TALAMANCA 1990, pp. 406-407.

[8] *Dig.*, 43, 27, 1, 8. Domizio Ulpiano nacque a Tiro, in Fenicia, sul finire del II sec. d.C. Fu funzionario della prefettura del pretorio tra il 203 ed il 211 e, dopo alterne vicende, sul finire del 222 venne nominato prefetto del pretorio insieme con il giurista Giulio Paolo. Inviso alle coorti pretorie, venne allontanato da Roma ed ucciso dai suoi stessi militi molto probabilmente nel 223 d.C. Su oltre novemila frammenti che compongono il Digesto, più di seimila sono tratti da sue opere.

[9] *Dig.*, 43, 27, 2. Sesto Pomponio fu giurista dell'età di Adriano e degli Antonini. A lui si deve un *Liber singularis enchiridii*, relativo alla storia della giurisprudenza e della costituzione romana e di cui ampi frammenti sono conservati nel Digesto.

[10] Paul., *sent.*, 5, 6, 13. Cfr. nota n. 13. Fest., *De verb. signific.*, s.v. "sublucare arbores".

[11] Plin., *Nat. Hist.*, 16, 5, 15. Su ciò si veda TALAMANCA 1990, p. 453, nonché ARANGIO-RUIZ 2002, pp. 224-225.

[12] *Dig.*, 8, 5, 8, 5; 6. Si veda inoltre TALAMANCA 1990, p. 406 e ARANGIO-RUIZ 2002, p. 180.

[13] Giulio Paolo nacque probabilmente in Italia sullo scorcio del II sec. d.C. Fu avvocato, funzionario della prefettura del pretorio e ricoprì diversi incarichi nell'amministrazione imperiale. Caduto in disgrazia con Eliogabalo, da Alessandro Severo venne nominato prefetto del pretorio con Domizio Ulpiano nel 222 d.C. Ben un sesto dell'intero Digesto è composto con frammenti delle sue opere.

[14] Nella letteratura giurisprudenziale, i commentari *ad Sabinum* consistevano in esposizioni dello *ius civile*. Masurio Sabino fu giurista d'età augustea, cui si devono i *Tres libri iuris civilis*. Da questo giurista trasse denominazione una delle due correnti giurisprudenziali romane, quella dei sabiniani.

[15] *Dig.*, 8, 2, 19, *pr.* Proculo fu giurista del I sec. d.C. Da lui prese nome una delle due grandi correnti di pensiero della giurisprudenza romana, quella dei proculiani.

[16] *Dig.*, 8, 2, 18. Erano dette *actiones in facto* o *in factum conceptae* quelle azioni giudiziarie concesse dal pretore per la tutela di situazioni giuridiche non previste dall'antico *ius civile*. Con la *stipulatio*, o *cautio, damni infecti* invece taluno si obbligava tramite una promessa solenne a corrispondere ad un altro una certa somma a titolo di risarcimento in caso l'attività da lui svolta nella sua proprietà avesse provocato dei danni. Sugli sviluppi processuali di questa *stipulatio*, si veda TALAMANCA 1990, pp. 450 ss., e ARANGIO-RUIZ 2002, pp. 222-223.

[17] *Dig.*, 7, 1, 61 di L. Nerazio Prisco, giurista del tardo I sec. d.C., *consul suffectus* nel 97.

[18] Tra i pochissimi esempi esistenti e rilevanti per l'argomento che qui interessa, si può citare la Casa delle Volte Dipinte ad Ostia antica, nella regione III. Nel piano superiore di questo edificio si distinguono alcuni ambienti tra cui la cucina, in cui è presente una vasca-serbatoio per l'acqua. Da questa si diparte una canaletta di scarico che attraversando il muro arriva fino ad una latrina e da quest'ultima un altro scarico fa defluire l'acqua nella fogna. È ormai riconosciuto che, sfruttando determinate tecniche, l'acqua degli acquedotti era in grado di arrivare, in taluni casi, anche ai piani alti delle case e, con riferimento ad Ostia, si è constatato che sicuramente era in grado di raggiungere un'altezza di circa 8 metri. Si veda a questo proposito RICCIARDI–SCRINARI 1996, pp. 12, 104-105 e 270. Ed ancora, MAGANZANI 2006, pp. 167-188.

[19] L'ipotesi della presenza dell'acqua ai piani alti delle case sembra confermata anche in Front., *aq. duct.*, 76, 6, in cui si

tratta dei più frequenti abusi che potevano verificarsi in materia di sottrazione dell'acqua e che potevano avere luogo *"cenacula etiam"*. *"Cenaculum"* risulta infatti essere un termine tecnico impiegato per indicare il piano alto degli edifici, come confermato anche da fonti normative quali *Inst.*, 4, 5, 1 ss. e *Dig.*, 9, 3, 5, 9, in cui trattando delle obbligazioni che sorgono a carico di chi abbia gettato o fatto cadere qualcosa dal piano alto degli edifici, ci si riferisce a questo con il termine *"cenaculum"*.

[20] La servitù è un diritto reale di godimento su cosa altrui, definito come un peso gravante su di un fondo, detto servente, a favore di un altro fondo, detto dominante. La caratteristica essenziale della servitù è quella di essere inestricabilmente collegata al *praedium*, sia esso rustico che urbano.

[21] *Dig.*, 8, 1, 15, 1.

[22] Sui giuristi ed i metodi da loro impiegati, si veda, da ultimo, SCHIAVONE 2003, pp. 3-61.

[23] *Dig.*, 8, 2, 12. Prisco Giavoleno fu giurista del tardo I sec. d.C.

[24] Tradizionalmente, in tema di aperture di un edificio, si distingue tra luci, prospetti e vedute. La luce è una semplice apertura che lascia passare solo aria e illuminazione, mentre la veduta è un'apertura che consente l'affaccio. Il prospetto infine, è una veduta di particolare pregio. In un frammento successivo Ulpiano (*Dig.*, 8, 2, 15) chiarisce proprio questo concetto: "[...] nella ‹servitù di› prospetto uno ha in più che non gli si tolga una veduta maggiormente gradita e libera [...]".

[25] Le parole di Giavoleno sembrano trovare conferma in Sen., *Epist.*, 20, 122, 8. Il filosofo infatti volge aspre parole di critica verso coloro che piantano *pomaria* in *summis turribus*, creando *silvae* che ondeggiano sui tetti ed in *fastigiis*. Per quanto riguarda la ricca presenza di verde *in tecta*, si veda anche Plin., *Nat. Hist.*, 15, 14, 47.

[26] Cfr. Plin., *Epist.*, 2, 17, 20.

[27] Per la servitù di luce si confronti *Dig.*, 8, 2, 16.

[28] *Dig.*, 8, 2, 17, *pr.*-1.

[29] La *vindicatio servitutis* valeva a difendere il proprio diritto di servitù contro le altrui molestie. Alfeno Varo fu giurista del I sec. a.C. e ricoprì anche il consolato nel 39 a.C. L'opera da cui è tratto questo frammento faceva parte di un genere di letteratura giuridica consistente in esposizioni sistematiche della materia.

[30] *Dig.*, 8, 5, 17, 1.

[31] Sulla *stipulatio damni infecti* si veda la nota n. 16, mentre per l'*actio negatoria servitutis* si veda la nota n. 33.

[32] *Dig.*, 8, 5, 17, 2.

[33] L'*actio negatoria servitutis* era lo strumento processuale grazie al quale chi fosse stato proprietario secondo l'antico *ius Quiritium* avrebbe potuto agire contro chi avesse esercitato illegittimamente una servitù sul proprio fondo.

[34] Le fonti giuridiche citate richiamano alla mente gli orti e i giardini rustici di Pompei, racchiusi entro le mura delle case, o

ancora gli *hortuli* del suburbio di Roma, i cui prodotti trovavano smercio nei mercati cittadini. A volte in questi piccoli appezzamenti si poteva anche consumare un pasto, gustando i prodotti ivi coltivati. Su ciò si veda Grimal 1990, pp. 64 ss.

[35] *Dig.*, 8, 2, 20, *pr.*

[36] *Dig.*, 8, 2, 28.

[37] *Dig.*, 7, 1, 1. La giurisprudenza, a partire dal I sec. a.C. elaborò dall'usufrutto il diritto reale di *usus*, che se ne distingueva perché non consentiva di fruire dei frutti della cosa. Nel *Codex* di Giustiniano verrà elaborato, invece, il diritto reale di *habitatio*, che configurerà il diritto di usare un'abitazione altrui come diritto autonomo e distinto. L'*habitatio*, di fatto, non si distingue però dall'usufrutto, perché l'*habitator* aveva anche la facoltà di locare la cosa e, quindi, di fruire dei suoi frutti civili. Su tali diritti reali si veda Talamanca 1990, pp. 466-467, nonché Arangio-Ruiz 2002, pp. 242-243.

[38] *Dig.*, 7, 1, 3, 1.

[39] *Dig.*, 7, 1, 7, 3. Per una maggior comprensione del testo originale si riporta l'integrazione proposta in Schipani 2005-continua, vol. II, p. 115.

[40] *Dig.*, 7, 1, 19, 1.

[41] *Dig.*, 7, 1, 11.

[42] *Dig.*, 7, 1, 12, 5. Salvio Giuliano fu il giurista incaricato da Adriano di redigere la versione definitiva dell'editto pretorio, che pertanto divenne immodificabile per il futuro ed assunse la denominazione di *edictum perpetuum*.

[43] *Dig.*, 7, 1, 13, 4; 7.

[44] C. I., 8, 10, 12. Zenone fu imperatore d'Oriente tra il 476 ed il 491 d.C.

[45] L'uso di porre vasi alle finestre è documentato in Mart., *Epigr.*, 11, 18, 2 quando parla di *rus in fenestra* e in Plin., *Nat. Hist.*, 19, 59: "*Iam quoque in fenestris suis plebs urbana in imagine hortorum cotidiana oculis rura praebebant* [...]". Anche qualche rara pittura testimonia di quest'uso; oltre quella della Casa dei Vettii, si ricorda la più nota decorazione della Villa di Fannio Sinistore a Boscoreale, attualmente al Metropolitan Museum of Art di New York.

[46] *Dig.*, 9, 3, 1, *pr.*

[47] *Inst.*, 4, 5, 1. Le *Institutiones* redatte per ordine dell'imperatore Giustiniano e pubblicate nel novembre 533 d.C., costituivano un'esposizione sistematica dei rudimenti del diritto privato romano. L'opera aveva anche valore normativo nel quadro della generale riforma del diritto che vide la pubblicazione del Digesto sempre nel 533 d.C. e, nel 534 del *Codex*, cui si aggiunsero tra il 535 ed il 565, le *Novellae Constitutiones*. Il complesso di queste opere è noto come *Corpus Iuris Civilis*.

[48] *Dig.*, 9, 3, 5, 6; 9.

[49] Giov., *Sat.*, 3, 270 (traduzione di Ettore Barelli, Biblioteca Universale Rizzoli, Milano 1989).

BIBLIOGRAFIA

AA.VV. 1992 = AA.VV., *Domus–Viridaria–Horti Picti*, Catalogo Mostra (Pompei-Napoli, 1992), Napoli 1992.

Arangio-Ruiz 2002 = V. Arangio-Ruiz, *Istituzioni di Diritto Romano*, Napoli 2002 (rist. XIV ed. riv.).

Ciarallo 1992 = A. Ciarallo, *Orti e Giardini di Pompei*, Napoli 1992.

Ciarallo 2004 = A. Ciarallo, *Flora Pompeiana*, Roma 2004.

Cima–La Rocca 1998 = M. Cima, E. La Rocca (a cura di), *Horti Romani*. Atti del Convegno, Roma 1995, in *BCom*, Suppl. 6, Roma 1998.

Di Pasquale–Paolucci 2007 = G. Di Pasquale, F. Paolucci (a cura di), *Il giardino antico da Babilonia a Roma. Scienza, arte e natura*, Catalogo Mostra (Firenze, 2007), Livorno 2007.

Grimal 1990 = P. Grimal, *I giardini di Roma antica*, Milano 1990.

Maganzani 2006 = L. Maganzani, *L'approvvigionamento idrico degli edifici urbani nei testi della giurisprudenza classica: contributi giuridici alle ricerche sugli acquedotti di Roma antica*, in *Polis. Studi interdisciplinari sul mondo antico*, Roma 2006.

Mommsen–Krüger 2000 = Th. Mommsen, P. Krüger, *Corpus Iuris Civilis, volumen primum, Digesta*, Hildesheim 2000 (rist. XVI ed.).

Pavolini 1983 = C. Pavolini, *Guida Archeologica di Ostia*, Bari 1983.

Pavolini 1986 = C. Pavolini, *La vita quotidiana a Ostia*, Bari 1986.

Ricciardi–Scrinari 1996 = M.A. Ricciardi, V. Santa Maria Scrinari, *La civiltà dell'acqua in Ostia antica*, vol. II, Roma 1996.

Riccobono 2007 = S. Riccobono (ed.), *Fontes Iuris Romani Antejustiniani, Pars Prima, Leges*, Firenze 2007 (rist.).

Schiavone 2003 = A. Schiavone, *Diritto e giuristi nella storia di Roma*, in A. Schiavone (a cura di), *Diritto Privato Romano*, Torino 2003.

Schipani 2005-continua = S. Schipani (ed.), *Iustiniani Augusti Digesta seu Pandectae*, Milano 2005-continua.

Steinby 1996 = E. M. Steinby (ed.), *Lexicon Topographicum Urbis Romae*, III, Roma 1996.

Talamanca 1990 = M. Talamanca, *Istituzioni di Diritto Romano*, Milano 1990.

Vignali 1856-1862 = G. Vignali, *Corpo del Diritto*, voll. 1-10, Napoli 1856-1862.

L'Universo in una grotta.
Il rilievo mitraico di Terni e la sua simbologia

di

*Giovanna Bastianelli Moscati**

ABSTRACT

The Mithraism in Umbria was not yet covered by a methodical publication, so the many various documents, still "scattered" in museums and private collections, have been little studied. They all have, however, a common origin: the Via Flaminia, the main road of ancient Umbria. The importance of Terni's relief is, among the Umbrian mithraic documents, the best known. Already studied and published, it still has much to tell offering an opportunity for a quick digression on the diffusion of the astrology in Rome and in the mitraich Mysteries with their astral symbols.

1. DIFFUSIONE DELL'ASTROLOGIA A ROMA

L'astrologia[1], serie di pratiche divinatorie incentrate sugli astri ma anche esperienza mistica, si diffonde a Roma sia nei circoli ristretti di intellettuali, frequentati dai rampolli di una "aristocrazia di sangue e di intelletto"[2], sia presso il popolo tramite i culti orientali. "Gli dei delle nazioni del Levante si imposero uno dopo l'altro, ad Occidente Cibele e Attis furono importati dalla Frigia, Iside e Serapide si propagarono ben lontano da Alessandria. Mercanti, soldati e schiavi portarono i Baal di Siria e Mithra dal cuore della Persia"[3].

In tutti questi culti i pianeti e gli astri con i simboli dello zodiaco sono sempre presenti quale immagine concisa dell'universo che ogni cosa contiene e il culto di Mitra non fa eccezione: infatti, in un'iscrizione rinvenuta a Milano, *M. Valerius Maximus, sacerdos dei Solis invicti Mithrae*, con orgoglio si presenta quale *studiosus astrologiae*[4].

A Roma l'astrologia fa il suo ingresso fin dal III secolo a.C., complici i contatti con l'Oriente che si andavano intensificando, ma è in epoca imperiale che interpretare le stelle diventa una consuetudine alla quale difficilmente intellettuali, aristocratici e imperatori si sottraggono.

Augusto era nato sotto il segno della Bilancia e il suo quadro astrale era inequivocabilmente quello di un predestinato a grandi imprese[5], come ebbe a dichiarare il famoso studioso di astrologia Nigidio Figulo ad Ottavio, padre di Augusto, arrivato alquanto in ritardo in Senato quando si deliberava su Catilina, perché trattenuto a casa dalla nascita del figlio[6]. A ribadire il glorioso avvenire del futuro imperatore fu Teagene che ad Apollonia, una volta letto l'oroscopo a un Augusto alquanto restio a rivelare i dati relativi alla sua nascita, non poté fare a meno di prostrarsi dinanzi a lui[7]. Colpito dall'onore che gli veniva reso, Augusto con fede profonda accettò il destino che gli era

stato preannunciato divulgando la sua carta astrale[8]. In essa assumeva un'importanza particolare il Capricorno, segno zodiacale del suo concepimento, al punto che fece coniare una moneta d'argento con questa immagine[9]. Il Capricorno, "oú se trouve l'exaltation de Mars, protecteur des guerriers"[10], nell'apoteosi dell'imperatore è anche il mezzo per raggiungere la costellazione della Bilancia[11] che, segno della sua nascita[12], è la sede astrale cui è destinato. Con il Capricorno Augusto contrassegna non solo le monete, ma anche le insegne delle legioni da lui istituite e, nel cammeo di Vienna, la famosa *Gemma Augustea*, si trova a lato della sua testa; ma servirsi di oroscopi era unicamente privilegio del *Princeps* e, per contro, chi si dedicasse a questa attività al di fuori del suo controllo ne minava l'autorità[13]. Praticare la divinazione con gli astri equivaleva a legittimare un potere o, al contrario, a destituirlo qualora si fossero individuate altre personalità destinate ad un futuro regale e l'editto emanato l'11 d.C. a questo proposito non dava adito a dubbi[14].

Dopo Augusto anche Tiberio non si sottrae al fascino degli astri. Nel soggiorno di Rodi conosce Trasillo che lo persuade con la previsione di un rischio imminente[15] dal quale si salvò proprio grazie all'astrologo. Trasillo seppe trarre vantaggio dalla posizione acquisita. Tiberio lo nomina infatti astrologo di corte e, poiché anche l'imperatore non era inesperto della materia, farà dell'astrologia un "interesse culturale, una scelta di tipo filosofico, e non di rado uno strumento, o forse anche un'ispirazione, per l'azione politica"[16].

Da Tiberio a Nerone la passione per gli astri si rinnova determinando precise scelte propagandistiche. Nerone, nato in prossimità del solstizio d'inverno, si accinge a diventare, anche grazie alla solerte promozione della madre Agrippina, il tanto atteso Nuovo Sole dell'impero che da lui dipende e che da lui è illuminato. Tale concetto si associa anche alla sua residenza: la *Domus Aurea* in cui la sala – planetario ottagona era espressione dell'affinità imperatore-universo.

Il suo complesso meccanismo ruotante costituiva la realizzazione materiale e visiva di un planetario che girava intorno all'imperatore e ai suoi ospiti, quasi che Nerone *Sol* ne determinasse il movimento[17].

L'astrologia era ormai imprescindibile dalla politica degli imperatori e di Nerone in particolare che, per ogni sua decisione, consultava Balbillo, l'astrologo di corte. In occasione del passaggio delle due comete, nel 60 e nel 64 d.C., questi fornì l'interpretazione dei *signa* e, onde allontanarne l'aura negativa, il consiglio di sacrificare qualche illustre dell'impero. Da qui l'occasione per eliminare alcuni personaggi eminenti, anche in concomitanza con le due note congiure dei Pisoni e di Benevento,

con le quali si era cercato di abbattere il potere di Nerone: un eccidio necessario, pertanto, che valeva da espiazione come esigevano i *signa* sopra menzionati[18].

Gli imperatori, che fin da Augusto avevano proibito le previsioni astrologiche promosse fuori del loro controllo, non poterono tuttavia impedire che l'interesse per gli astri dilagasse anche al di fuori della corte, un *passepartout* per chi volesse entrare nei circoli più esclusivi, un argomento di conversazione che valeva quanto un'ipocrisia ben esercitata e che poteva aprire le porte della buona società romana giusto per non sentirsi un pesce fuor d'acqua come Giovenale che di astrologia si intendeva tanto poco[19]. Spinta all'eccesso, l'astrologia diventa mania in certe donne che seguono alla lettera gli oroscopi di Trasillo e le previsioni di Petosiride ogni volta che il marito parta per la guerra o ritorni, o debbano fare una passeggiata in lettiga fino al primo miliario, oppure utilizzino un collirio per il prurito ad un occhio o, infine, facciano a meno di mangiare in caso di indisposizione. La soluzione? Evitarle nel modo più assoluto[20].

Dalla corte e dai salotti della capitale la moda degli astri si diffonde ulteriormente e coinvolge: tutti ritengono che, in un modo o nell'altro, gli astri influenzino i loro affari e l'astrologia comincia a circolare anche al di sotto della buona società e chiunque si trovi nella necessità di scimmiottare intenzionalmente certi ambienti, tra i vari segni distintivi, percepisce molto chiaramente l'uso e il consumo degli astri. Magari poteva essere privo di un nome da esibire, ma aveva tuttavia adeguate disponibilità economiche per procurarsi tutto il resto, in fondo era nato sotto una buona stella. Trimalcione ne è un esempio. Dopo un'esistenza avventurosa tra ricchezze ereditate, perdute, recuperate e moltiplicate, de-

cide di mettere a frutto il guadagno di una vita prestando ai liberti[21] su consiglio dall'astrologo Serapa, che pare avesse conquistato la sua fiducia dopo avergli dimostrato di conoscerlo tanto bene da raccontargli anche ciò che lui stesso non ricordava più. Evidentemente il *graeculio* Serapa sapeva il fatto suo[22].

Nel III secolo, sotto gli imperatori Severi, nessuno aveva più dubbi. Dall'astrologia dipendeva la vita sulla terra e anche nell'aldilà, insieme a presagi e sogni premonitori. Tutti elementi che ritroviamo nella vita di Settimio Severo. Gli astri furono per lui assolutamente determinanti regolandone vita e imprese[23] e nel guidarlo alla ricerca di una nuova moglie fino alla Siria, dove Giulia lo "conquistò" poiché destinata a sposare un sovrano in base al suo oroscopo[24]; ma la fede negli astri poteva avere anche effetti spiacevoli, soprattutto quando un oroscopo era sufficiente per entrare in conflitto con l'imperartore. Avvenne così che Settimio Severo, quando *"Siciliam proconsularem sorte meruit"*[25], avendo ambizioni "imperiali" consultasse astrologi e che per questo incorresse nella giustizia di Commodo[26]. Le circostanze tuttavia gli furono favorevoli: i prefetti del pretorio che avrebbero dovuto giudicarlo, poiché ostili allo stesso Commodo, contribuirono invece alla sua salvezza crocifiggendo il delatore. La legislazione contro oroscopi non autorizzati[27], fatta di divieti e pene severissime che Commodo aveva ereditato dai suoi predecessori, è la stessa della quale si avvarrà anche Settimio Severo che, una volta al potere, in virtù della sua cieca fede negli astri non poté fare a meno di sospettare a sua volta di chiunque traesse oroscopi, come se solo da questo dipendesse il suo futuro di imperatore o quello dei suoi discendenti[28].

L'astrologia, complementare alla vita dell'imperatore, è individuabile in alcune delle più importanti realizzazioni architettoniche di età severiana: dall'oroscopo riprodotto sul soffitto della sala in cui amministrava la giustizia[29] alle sette divinità planetarie alle quali fu dedicato il *Septizonium* o *Septizodium*[30], monumentale fontana alle falde del Palatino oggi perduta.

Al termine del percorso si colloca Giuliano l'Apostata, fautore di una religione solare[31] che ha nell'astrologia il suo fondamento. Attratto fin da faciullo dalla luce eterea del sole, ma anche dagli astri che rischiaravano un limpido cielo nottuno, nell'orazione in cui si dichiara seguace di Helios re[32], manifesta una partecipata meraviglia alla grandezza dell'universo. La commozione che vi si coglie costituisce la base psicologica del misticismo astrale di Giuliano dal quale si origina il suo ritorno alla tradizione, ultima restaurazione ufficiale del paganesimo romano: "Iniziazione, rivelazione, accoglimento di una parola divina, salvezza sicura, pietà attiva, presenza della divinità evocata dai gesti e dalle parole dell'uomo: ecco le linee lungo le quali Giuliano ha creduto di poter realizzare un "aggiornamento"e un'unificazione dottrinale e liturgica del paganesimo tradizionale, suscettibile di renderlo "competitivo" rispetto al Cristianesimo"[33].

L'astrologia, in tutto questo tempo aveva subìto necessarie trasformazioni: aveva allettato la sensibilità stessa dei suoi cultori, si era adattata alle esigenze dei tempi e degli ambienti in cui metteva di volta in volta le radici e aveva fatto proprie idee e suggestioni che, non di rado, risultavano anche estranee al suo assetto originario. Alle sollecitazioni di fisica e metafisica che indirizzavano i fedeli verso nuovi equilibri tra cielo e terra si unì lo stretto legame con la filosofia stoica di Posidonio, che "combinò indubbiamente devozione e filosofia, ma introdusse anche la filosofia nella devozione"[34]. Scienza,

filosofia e misticismo si combinarono insieme armonizzandosi nel sincretismo sempre più universale ed esasperato che caratterizzerà l'impero romano fino alla fine.

2. MISTERI DI MITRA
E ASTROLOGIA

...Persei sub rupibus antri indignata sequi torquentem cornua Mithram.[35]

I misteri di Mitra importarono in Europa questa composita teologia (astrale), prodotto dei rapporti tra i Magi e i Caldei: i segni dello zodiaco, i simboli delle piante, gli emblemi degli elementi appaiono di volta in volta su bassorilievi, mosaici e pitture dei loro templi sotterranei[36].

La religione mitraica, che faceva proseliti tra militari, funzionari, schiavi e liberti, una volta resa parte integrante della dottrina dei pianeti e dello zodiaco, fu il veicolo più immediato per rendere ancora più popolare l'astrologia che già tanta parte aveva nell'esistenza dell'élite dell'Impero e, alla fine, tutte le classi sociali si riconobbero in questo comune interesse.

Per i seguaci di Mitra, la qualità specifica di cardine del moto planetario che il dio veniva ad assumere costituiva un motivo in più per aderire al suo culto, esserne particolarmente appagati e quindi auspicarne la diffusione:

Soli Invicto / Mitrbae (sic) / *Tiberivs Clavdi/us Tiberii filius / Thermodon / spelaeum cum / signis et ara] / ceterisque / voti compos / dedit*[37].

A Mitra Sole invitto *Tiberius Claudius Thermodon*[38] offre una grotta con statue e altare e ogni altro arredo sacro perché ha visto realizzati tutti i suoi desideri. Il dedicante è evidentemente soddisfatto ma anche consapevole che deve a Mitra la sua fortuna. Mitra

accompagna i suoi seguaci e li sostiene in una vita attiva. È una divinità che ispira forza e coraggio e attribuisce importanza all'onore dell'individuo, doti fondamentali nella vita quotidiana ma ancor di più nella carriera politica e militare. "Mithra est la divinité secourable que l'on n'invoque jamais en vain, le port assuré, l'ancre de salut des mortels dans leurs tribulations, le fort compagnon qui, dans les épreuves, soutien leur fragilité. Il est toujours, comme chez les Perses, le défenseur de la vérité et de la justice, le protecteur de la sainteté, et l'antagoniste le plus redoutable des puissances infernales. Éternellement jeune et vigoureux ; il les poursuit sans merci "toujours éveillé, toujours vigilant", on ne peut le surprendre, et de ces joutes continuelles il sort perpétuellement vainqueur"[39].

Mitra, inoltre, già compagno nelle varie vicende di questo mondo, può offrire a tutti i suoi adepti anche la prospettiva di una vita oltre la morte. Tra liberazione e redenzione l'anima è l'essenza divina che si trova in noi e che, dopo la morte, sempre che lo meriti, potrà ritornare, dopo aver superato uno per uno tutti i sette cieli, tanti quanti sono i pianeti che li dominano, nel cielo delle stelle fisse. Mitra garante della verità e giudice dell'anima dopo la morte, per compensarla dei suoi meriti, l'avrebbe guidata nell'ascensione verso l'Empireo; ma l'anima avrebbe poi riacquistato la sua veste mortale quando alla fine dei tempi Mitra sarebbe tornato sulla terra per resuscitare gli uomini che sarebbero stati poi giudicati. Premiati i buoni con l'immortalità "fera tomber du ciel un feu dévorant, qui anéantira tous les méchants"[40]. La conflagrazione universale, infine, sarebbe stata l'ultimo passo per la purificazione dell'intero universo e il conseguimento di una felicità assoluta.

Tale percorso salvifico è ricostruibile attraverso le testimonianze del neoplatonico Porfirio, dell'Imperatore Giuliano e dell'apologista Tertulliano con apporti del pensiero stoico.

Gli autori che documentano Mitra peccano spesso di soggettività, danno una visione personale dell'evento religioso, sono sensibili alle diverse sollecitazioni del tempo in cui vivono e colgono più proposte spirituali per conciliarle tra loro.

"... Così anche i Persiani danno il nome di antro al luogo in cui durante i riti introducono l'iniziato al mistero della discesa delle anime sulla terra e della loro risalita da qui"[41]: in questo modo Porfirio rileva la vicissitudine dell'anima e il suo percorso dal cielo alla terra e viceversa, sicuramente di ambito neoplatonico, ma non è ben chiaro quanto, e fino a che punto, la stessa vicissitudine sia peculiare anche dell'ambito mitraico.

«Hermes poi parlando con me: a te ho permesso di conoscere il padre Mitra; tieni a mente i suoi ordini, garantendo così a te stesso durante la vita una gomena ed una rada sicura; e poi, quando dovrai allontanarti da qui, (lo farai) con la buona speranza avendo a fianco come guida un dio benevolo"[42]: in questo caso Giuliano conferisce a Mitra il ruolo di guida sia durante l'esistenza sia dopo, quando come un padre benevolo assisterà l'anima in procinto di allontanarsi dalla terra, "mais Mithra est ici, comme d'ailleurs dans plusieurs textes du IV siècle, le nom du Soleil, protecteur attitré du philosophe couronné"[43].

Tertulliano, si scaglia violentemente contro i misteri praticati negli *spelaea, in castris vere tenebrarum*[44], ma questo probabilmente era il suo modo per dimostrare di essere un vero cristiano cancellando l'infamia di avere praticato i misteri persiani. Se individua analogie tra cristianesimo e mitraismo, è solo per mettere in cattiva luce quest'ultimo accusandolo di plagio. Quanto all'*imaginem resurrectionis*[45], la resurrezione prospettata agli adepti, la si apprende da lui come ulteriore tentativo promosso dai seguaci di Mitra per scimmiottare il messaggio cristiano.

A conclusione, la proposta di una conflagrazione universale, fine e rinascita del mondo, è un'evidente memoria stoica. È certo che il dio Mitra a contatto del mondo ellenistico-romano si trasforma. Esso viene reinterpretato al punto che risulta, anche a causa di una documentazione incompleta e lacunosa, molto difficile individuare i momenti salienti della sua evoluzione dottrinale. Sicuramente è un dio della generazione e della salvazione che concede prosperità a tutti gli esseri viventi come si apprende da due delle iscrizioni rinvenute in Santa Prisca: *Fecunda tellus cuncta quae genera Pales* [...] e a seguire [...] *et nos servasti aeternali sanguine fuso*[46]. Mitra preserva la vegetazione anche nel rilievo a due facce di Dieburg[47] in cui Fetonte, nel verso della raffigurazione, è a lui contrapposto: se Mitra crea, Fetonte, dissennato auriga, precipitando con il carro del sole minaccia la terra e tutti i suoi frutti.

Il Mitraismo che si sviluppa in ambito romano non può non essere immune da contaminazioni, chiunque vi partecipasse era comunque aperto a dottrine di diversa natura: lo Stoicismo, il Neoplatonismo, l'astrologia, l'eliolatria e il Cristianesimo si trovavano tutte sullo stesso piano quando potevano offrire la chiave di interpretazione del mondo o soltanto prospettare una via di salvezza. Tale ideologia composita, inoltre, pur se finalizzata ad una redenzione universale non era d'ostacolo alla partecipazione alla vita pubblica, anzi. Militari o funzionari che per la maggior parte erano adepti dei misteri professavano una lealtà assoluta nei confronti dello stato e il Mitraismo, pur non avendo una dimensione ufficiale, divenne un importante sostegno dell'ideologia imperiale.

Vettius Agorius Praetextatus fu un fedele servitore dello stato, oltre che devoto a Mitra e a diverse altre divinità. [...] *cura soforum, porta quis caeli patet* [...] recita la lunga epigrafe[48] datata 387 d.C., in cui la moglie *Aconia Fabia Paulina* menziona, oltre alle immancabili cariche civili, quelle religiose unitamente ai meriti che aprono al marito la via all'immortalità astrale. Resta incerto se tale privilegio si debba al suo essere adepto di Mitra del quale era *Pater Patrum* o seguace della *Magna Mater* Cibele, Ecate, Dioniso, Demetra e Core, Iside e Serapide.

Pur rimanendo dubbi circa la genuinità delle fonti, sembra che per il Mitraismo sia possibile parlare "... non solo di una connessione con la fecondità agricola ed animale in relazione al ciclo annuo delle stagioni, ma di una vera e propria cosmosofia, ossia di una speculazione relativa alla trama di rapporti che intercorrono tra i vari livelli, divino, cosmico e umano, considerati come realtà aperte e comunicabili"[49].

La disamina del rilievo del Museo Archeologico di Terni dovrà tenere presente tutto questo pur nei limiti di una documentazione assai povera. Fonti letterarie frammentarie e immagini verranno vagliate tenendo presente l'astrologia e la popolarità da essa raggiunta in età imperiale, senza le esasperazioni che talvolta hanno guidato certi studi che con gli astri sembrano capaci di spiegare ogni componente della tauroctonia non tenendo presente che le stelle erano sì importanti, ma non totalizzanti e che comunque non rappresentavano l'unica sollecitazione.

L'antico mito persiano di Mitra giunge in occidente in un dato momento, frutto di un'elaborazione della quale non si conosce né l'autore né il luogo, ma che produsse una religione estremamente appagante per i tempi e con rappresentazioni cultuali sostanzialmente omogenee pur con alcune diversità a carattere locale. Le osservazioni che seguiranno sono frutto di confronti con altra documentazione materiale e l'analisi del materiale stesso è stata condotta anche e soprattutto attraverso le fonti letterarie laddove siano presenti.

3. IL RILIEVO DI TERNI

> bassorilievo in marmo bianco
> alt. cm 39, largh. cm 51, spess. cm 10
> provenienza: da Terni, località Piedimonte
> Terni, Museo Archeologico, già Collezione Eroli.

È un'immagine (fig. 1) della Tauroctonia derivante dalla tipologia della stessa diffusa nell'Europa centrale[50]: Mitra[51] immola il toro nella grotta con cane, serpente, scorpione e i due dadofori, *Cautes* a sinistra e *Cautopates* a destra. Accanto a *Cautes* un secondo scorpione. Sul bordo della grotta, in alto a sinistra il corvo rivolto verso Mitra e negli angoli superiori sono i busti di *Sol*, a sinistra, e di Luna, a destra. Sulla grotta sette altari fiammeggianti si alternano a sette alberi. Sul bordo inferiore sei *urcei*, originariamente sette. La cattiva conservazione non permette di leggere con chiarezza tutti i particolari del rilievo e neppure di apprezzarne l'accuratezza. Gli angoli, in alto a destra e in basso a sinistra, sono spezzati mentre altre fratture danneggiano il rilievo in più punti e in particolare la gamba tesa di Mitra. Sul retro sono alcune lettere tracciate in modo grossolano: *DNG*[---] / *ICT*+[---][52] "qui semblent modernes"[53], ma più recentemente lette come contrassegno di cava[54] oppure come dedica imperiale[55]: *D(omino) N(ostro) G(ordiano) Pio*

Fig. 1 - Rilievo con Mitra tauroctono, Museo Archeologico, Terni.

MONUMENTO TERNANO RAPPRESENTANTE IL DIO MITRA
veduto dal March. G. Eroli di Narni, e ridotto ad un terzo dell'originale.

Fig. 2 - Riproduzione litografica del rilievo di Terni "veduto dal Marchese G. Eroli di Narni, e ridotto ad un terzo dell'originale", disegno del Conte Curzio Catucci.

Fel(ici) Inv]/icto [Aug(usto)] oppure *D(omino) N(ostro) G[allieno Inv]/icto [Aug(usto)]* o ancora *D(omino) N(ostro) G(alerio) Val(erio) Maximiano Inv]/icto [Aug(usto)]*, tutti imperatori che cronologicamente si inquadrano tra il pieno III secolo e gli inizi del successivo.

"Un giorno, girando per Terni in cerca di scolture e iscrizioni antiche, o intere o rotte, per abbellire le pareti della loggia della mia casa in Narni, m'imbattei in certo muratore, che assicurommi possederne due esemplari, nell'uno de' quali era scolpito, per quanto eragli stato detto, il napoletano Pulcinella a cavallo di una bestia. Curioso di vedere questo strano soggetto, quantunque non acconcio al mio scopo, lo pregai portarmelo, con l'altro marmo, nella casa di un tale, verso cui sareimi nel momento indirizzato. Detto, fatto; e a termine di pochi minuti fummo ambedue alla posta data, egli co'marmi in su le mani per mostrarmeli, ed io con gli occhiali sul naso per osservarli. Ma quale sorpresa non fu la mia, quando rilevai che il marmo (fig. 2), dato al buffo Pulcinella napolitano, apparteneva invece al serio e fortissimo Dio Mitra persiano tanto noto agli archeologi?"[56].

Dal pittoresco resoconto che il marchese Giovanni Eroli fece, in relazione al "recupero"del rilievo, apprendiamo anche qualche altro dato: "Egli assicurommi aver trovato il marmo a Piedimonte presso Terni, nascosto sotterra, mentre faceva uno scavo per fabbrica campestre commessagli. E Piedimonte appunto era il sito acconcio al culto mitriaco, che richiedeva folte selve, oscure e riposte grotti, o naturali o artefatte, con vive sorgenti d'acqua, delle quali cose non mancava e non manca quel luogo montuoso e fertile alquanto discosto dalla città. Aggiunse anco che poco lungi dal marmo trovò una spada di ferro ossidata, ed altre figuline, le quali, alla descrizione che me ne fece, ritenni prive d'ogni pregio e importanza storica"[57].

Gli altri reperti, la spada di ferro ossidata e gli oggetti in terracotta se pur non ben identificati né identificabili, spingono Eroli a ipotizzare la fine violenta del Mitreo: i soliti Cristiani fanatici, intenti ad eliminare ogni sopravvivenza di culti che fossero in conflitto

con la loro religione, avrebbero distrutto fino alle fondamenta la dimora del dio persiano[58]. Oppure, senza estremizzare, poiché Piedimonte rientra tra i luoghi in cui durante il periodo romano erano insediamenti rustici, si può pensare ad un mitreo realizzato in *villa* ad uso del *dominus* o della sua *familia* o di entrambi, che sarebbe andato distrutto semplicemente per abbandono e, nel crollo inevitabile delle strutture, anche l'immagine di culto sarebbe stata danneggiata. Difficilmente l'ipotesi potrebbe spingersi oltre, vista la mancanza di dati che neanche il dotto Eroli ebbe la voglia di ricercare, neppure per curiosità.

L'acquisizione di questo pezzo, in quanto particolarmente decorativo, ha causato la perdita del suo contesto storico e ciò non ne facilita la datazione. In base a quanto documenta Cumont, si tratta di un "Travail assez soigné mais mauvaise conservation"[59], un lavoro di qualità quindi, ma fino ad ora con pochi confronti. A questo proposito Eroli osserva che "In fatti il mo-

numento ternano, mentre accordasi in genere con tutti gli altri; in alcune cose se ne diparte, perché può dirsi singolare; e questa sua singolarità lo rende pregevole e importante, aumentando la varietà dei detti monumenti. A paragonarlo strettamente con gli esistenti, esso vie più ritrae dai due incisi nella tav. LXXIX dell'atlante di Lajard; autore che scrisse *ex professo*, e meglio di tutti, sul presente argomento"[60].

Lajard[61] illustra due bassorilievi: il primo proveniente da S. Lucia in Selci sul Colle Esquilino[62] (fig. 3), ora in Vaticano, Museo Chiaramonti, XIV, 1, e il secondo rinvenuto ad *Apulum*, Karlsburg, conservato nel Muzeul Regional, inv. n. 203/II[63], datati all'incirca tra II e III secolo d.C.[64]. Entrambi iconograficamente offrono un buon riscontro per il rilievo di Terni. Questo, dal punto di vista qualitativo, non è all'altezza di quello romano ma è sicuramente di buon livello rispetto a quello di *Apulum* e per quanto concerne la sua cronologia può essere inquadrato nei medesimi termini.

Fig. 3 - Rilievo da S. Lucia in Selci, Esquilino. Riproduzione da Museo Chiaramonti, Berlino – NewYork, 1995, Vol. II, Tav. 439.

Da ricerche iniziate e ancora in corso, risulta che, se a Roma il Mitraismo si sviluppa all'incirca tra I e II secolo d.C., in Umbria la religione del dio persiano sembra affermarsi successivamente. Mitra, dio dei militari che stazionano ai confini dell'Impero, sarebbe in ambito locale divinità di funzionari che, provenendo anche da molto lontano, vivono e lavorano nelle ville o nei municipi. I pochi reperti dispersi nel territorio e l'unico Mitreo al momento noto, quello di Spoleto[65], si datano tra III e IV secolo d.C. Stando alla sua cronologia, il rilievo di Terni potrebbe essere arrivato in zona anche in un secondo momento, infatti la sua tipologia, come sopra affermato, era la più adatta a seguire piccole comunità che si spostavano per le più diverse contingenze.

Per quanto riguarda infine la sigla apposta sul rovescio del rilievo, questa potrebbe essere stata aggiunta anche posteriormente risultando marginale al fine della sua datazione.

4. La Tauroctonia

Il centro dell'azione è indubbiamente la grotta e ciò che vi si compie, la tauroctonia: "Gli antichi consacravano davvero opportunamente antri e caverne al cosmo, considerato nella sua totalità o nelle sue parti poiché facevano della terra il simbolo della materia di cui è costituito il cosmo (per questo motivo alcuni identificavano terra e materia) e d'altra parte gli antri rappresentavano per loro il cosmo che si forma dalla materia: essi, infatti, sono per la maggior parte di formazione spontanea e connaturali alla terra, circondati da un blocco uniforme di roccia, che internamente è cava e all'esterno si perde nella infinita illimitatezza della terra. ... Così anche i persiani danno il nome di antro al luogo in cui

durante i riti introducono l'iniziato al mistero della discesa delle anime sulla terra e della loro risalita da qui. ... Fu Zoroastro il primo a consacrare a Mitra, padre e artefice di tutte le cose, un antro naturale situato nei vicini monti della Persia, ricco di fiori e fonti: l'antro per lui recava l'immagine del cosmo di cui Mitra è demiurgo, e le cose situate nell'antro a intervalli calcolati erano simboli degli elementi cosmici e delle regioni del cielo. Dopo Zoroastro, prevalse anche presso gli altri l'uso di celebrare riti iniziatici in antri e caverne, sia naturali sia costruiti artificialmente ..."[66].

Porfirio riferisce che Zoroastro, tra le montagne della Persia aveva consacrato a Mitra una grotta a immagine del cosmo di cui Mitra è demiurgo[67], da qui l'uso di celebrare iniziazioni in grotte naturali e artificiali.

La volta della grotta rappresentava il firmamento e se presentava aperture, queste illuminavano il suo interno come le stelle illuminano la notte. All'interno i vari elementi di arredo non avevano un ordine casuale. Qualora sette porte fossero disegnate a distanze simmetriche sul pavimento, queste simboleggiavano il percorso attraverso i sette pianeti. L'elemento terra era rappresentato dallo stesso luogo in cui il mitreo era realizzato, mentre l'elemento acqua all'interno della grotta si manifestava in una sorgente naturale, portata con condotte artificiali, oppure in bacini per abluzioni; fiori e verdura lussureggiante talvolta erano dipinti sulle pareti[68]; l'elemento fuoco era materializzato dalla fiamma sull'altare e, infine, l'aria era il soffio del dio dalla testa di leone simbolo del tempo infinito, l'*Aion*[69]. In fondo a questo universo in miniatura che tutto contiene: le stelle, i pianeti e i quattro elementi è la tauroctonia, dipinta, a tutto tondo o in bassorilievo, che a sua volta del cosmo è la riproduzione: qui di nuovo l'u-

niverso è contenuto con tutti i suoi simboli, dallo zodiaco alla luna ai pianeti, che non di rado campeggiano sul mantello di Mitra[70].

"*Et vaga testatur volventem sidera Mithram*"[71], afferma Claudiano ricordando che Mitra è il sole che tutto muove. *Mithra Sol invictus* dell'Impero romano, rispetto all'antico Mitra persiano solamente genio della luce celeste, è qualche cosa di diverso e di più diventando lo stesso Sole.

"De même sur les bas-reliefs, cintre de la niche concave, où le taureau expire, est souvent orné des signes du zodiaque, parce qu'il est l'image de la voûte des cieux. Le lion, le serpent et le cratère, adjoints à la victime immolée, représentent la terre, l'eau et le feu, tandis que la présence de l'air est manifestée par le vent, qui enfle le manteau de Mithra. Enfin, sur le manteau, on voyait parfois brodés le croissant de la lune et les signes des planètes"[72].

Il rilievo di Terni, universo nell'universo, al suo interno contiene il dio che sacrifica il toro e gli animali che nella scena sono generalmente presenti: scorpione cane e serpente. Lo scorpione è simbolo del male e, in quanto emissario di Ahriman, tenta in ogni modo di contrastare l'azione benefica e creatrice del sacrificio del toro avvelenando il seme del toro stesso e in tal modo impedendo ogni vita sulla terra: "Si, suivant les croyances des mystères, Ahriman n'était pas l'artisan de la perte du taureau, du moins il tentait d'empêcher les conséquences salutaires de l'immolation génératrice en faisant dévorer par le scorpion, son émissaire, le sperme du quadrupède mythique. En piquant les testicules de celui-ci, l'insecte venimeux cherchait à empoisonner la source même de la vie terrestre et à détruire dans son germe la faune dont les dieux voulaient peupler le monde. Il ne réussissait pas dans son dessein, car l'humeur fécondante se répandait sur la terre, échappant a son atteinte"[73].

Il cane è, invece, una presenza positiva. I persiani pastori e cacciatori attribuivano grande importanza al ruolo del cane che, analogamente, nei misteri è il compagno di caccia del dio, come raffigurato in una coppa proveniente da *Lanuvium*[74]: "Le dieu avait sans doute en lui un fidèle compagnon, qui prenait part à sa chasse héroïque et l'aidait à forcer la bête poursuivie"[75].

Il serpente[76], considerato insidioso e negativo dagli antichi persiani al pari dello scorpione, viene invece ad assumere, nei misteri di Mitra, un valore diverso. Cumont lo considera "une addition postérieure au groupe original"[77] che nelle prime rappresentazioni constava solo di Mitra, toro, cane e scorpione[78]. Un'aggiunta di probabile ambito occidentale laddove il serpente perde di negatività in quanto simbolo della terra che "… absorbe le liquide qui s'échappe de la plaie mortelle, et en est fécondée"[79]. Insieme al serpente le spighe che fuoriescono dalla coda del toro, che però qui non sono presenti[80], dovrebbero facilitare la percezione degli effetti del sacrificio: la terra che dà i suoi frutti.

Sul margine della grotta, in alto a sinistra, tra Mitra e *Sol* è il corvo[81] che, messaggero di *Sol*, comunica a Mitra l'ordine di sacrificare il toro. In talune rappresentazioni un raggio della corona di *Sol* si allunga in direzione di Mitra indicando al corvo anche la strada da seguire. Per questo motivo talvolta il dio nell'atto di colpire l'animale è allo stesso tempo impegnato in una torsione del capo che lo porta a volgersi indietro piuttosto che a guardare avanti in direzione del colpo che sta sferrando alla sua vittima. Pertanto non "doveva avere la testa rivolta allo spettatore, a giudicare dalla torsione del collo e della posizione della punta del

berretto", come recentemente asserito da Francesco Giorgi[82] e la posizione della testa di Mitra rimarrà, significativa della sua vicenda, anche quando il corvo messaggero di *Sol* è assente.

"Il faut donc admettre que cet oiseau apporte quelque avis au meurtrier qui l'écoute; il est le héraut de quelque commandement divin, et c'est évidemment par allusion à ce rôle, qu'en souvenir du titre sacré d'*hieroceryx* (*ƒ*erokÁrux), l'initié au grade du Corbeau prenait, par une sorte de calembour religieux, le nom d'*hierocorax*"[83].

Cautes e *Cautopates*[84] completano le presenze all'interno della grotta. I dadofori compaiono nella scena del sacrificio, posizionati ai lati della grotta o appoggiati ai bordi della stessa, sono di statura inferiore rispetto a Mitra, ma si presentano abbigliati nello stesso modo. Qui *Cautes* si trova a sinistra e *Cautopates* a destra, tuttavia esistono casi in cui si verifica il contrario[85]. Entrambi non sembrano particolarmente partecipi all'evento centrale del mito, ma appaiono comunque presenti a completarne il senso generale. Mitra-*Sol* ha bisogno dei dadofori per completare simbolicamente il suo percorso da occidente a oriente. In tal modo *Cautes*, la fiaccola alzata, è l'allegoria del Sole che sorge: al centro, Mitra è il Sole al massimo dello splendore e poi, a destra *Cautopates*, la fiaccola abbassata, è l'allegoria del tramonto. *Cautes* e *Cautopates* sono, fin dalle origini compagni di Mitra e la loro rappresentazione venne fissata su monumenti probabilmente in Asia Minore, presumibilmente in periodo ellenistico.

"Seulement l'existence de ces dieux est évidemment antérieure à la représentation que l'art hellénistique fit prévaloir, et bien auparavant les images de Mithra, quel qu'en fût alors le caractère, étaient probablement placée entre celles de ses deux compagnons"[86].

Sia l'uso di rappresentare la divinità tra due paredri, frequente nei paesi semiti, sia la cultura religiosa dei Caldei che concepisce le divinità raggruppate in triadi, potrebbero aver influenzato la raffigurazione di Mitra tra *Cautes* e *Cautopates*[87].

Sol e *Luna*[88] dominano la scena dall'alto, all'esterno della grotta, sempre nella seguente posizione: in alto a sinistra il primo, con corona radiata, e in alto a destra la seconda della quale, a causa del cattivo stato di conservazione, rimane solo la sagoma. Sempre presenti nei rilievi[89], nella religione mitraica il loro ruolo è importante perché "…rappelle dans quelle région se meuvent les astres qui illuminent la surface de la terre"[90]. Al di sopra di *Sol* e *Luna* è la regione della luce infinita che si estende fino a quella delle stelle fisse con le costellazioni zodiacali che si dispongono sull'eclittica: là risiedono gli immortali.

Resta da esaminare la presenza dello Scorpione che si trova alla sinistra di *Cautes*. *Cautes* talvolta ha, di fianco, la testa del toro, mentre *Cautopates* ha, accanto a sé, lo scorpione[91]. Toro e scorpione sono rispettivamente simboli dei due equinozi di primavera e di autunno, conseguenza delle osservazioni del cielo, avvenute in età assai antica, tra il 4300 e il 2150 a.C.[92]; successivamente, durante l'età classica, a causa della precessione degli equinozi, la primavera iniziava sotto gli auspici dell'ariete e il periodo autunnale si trovava sotto quelli della bilancia.

Tuttavia l'arte mitraica non sempre registra tale cambiamento e "on serait tenté de croire que les images traditionnelles des astérismes qui marquaient le commencement du printemps et de l'automne, s'étaient propagée de la Chaldée en Occident et conservées dans les symbolisme des mystères, alors qu'elles ne répondaient plus à aucune réalité"[93].

Anche senza richiamarsi alla notevole antichità di questi simboli, basterà comunque ricordare che nella "division des saisons assez généralement acceptée chez les Romains, le printemps commençait le 7 mai et l'automne le 7 novembre, le soleil étant respectivement dans les signes du Taureau et du Scorpion"[94]. Ma qui lo scorpione si trova a lato di *Cautes* e non di *Cautopates*. Quanto a *Cautopates*, non pare, a prima vista, che sia accompagnato da nessun simbolo, si rileva solo una sagoma che emerge tra il dorso del cane e *Cautopates* stesso. Se poi tale sagoma sia o meno ciò che resta di una protome taurina, lo stato generale del rilievo non consente di identificarla con sicurezza. Da quanto detto emerge la particolarità del rilievo di Terni che tuttavia trova almeno tre riscontri: in un rilievo rinvenuto a Roma[95] e due rappresentazioni di *Cautopates* con toro[96], a dimostrazione che, pur da un'iconografia comune, l'arte mitraica si sviluppa con peculiarità diverse e molteplici varianti. In tutti e tre i casi si ribaltano i termini dell'equinozio ed è da chiedersi se è proprio l'equinozio a fungere da riferimento o altro. Se, al contrario, si escludesse la presenza della protome del toro accanto a *Cautopates*, si potrebbe concludere altrimenti che *Cautes*, sovrastato da *Sol*, sta a rimarcare il Sole che sorge e fa il suo ingresso nel segno che gli è accanto. Lo scorpione, in conclusione, potrebbe rappresentare il segno zodiacale di un evento tanto importante da collocarlo proprio all'interno di una rappresentazione così venerabile.

5. ASTRI E PIANETI

"[...] Pertanto assegnarono come adatta a Mitra la sede degli equinozi; egli porta il pugnale di Ariete, segno di *Ares*, e cavalca il toro di Afrodite. Poiché Mitra, come il Toro, è demiurgo e padrone della generazione, è collocato nel cerchio equinoziale, avendo alla sua destra le regioni settentrionali, alla sua sinistra quelle meridionali, e a sud è collocato *Cautes* perché è caldo, a nord *Cautopates* per il fatto che il vento del nord è freddo"[97]. Porfirio precisa la posizione di Mithra tra i segni zodiacali. Il dio viene collocato nel luogo degli equinozi laddove l'Ariete segna primavera (e in tal caso Porfirio tiene conto della precessione degli equinozi alla quale si è fatto cenno in precedenza) e la Bilancia l'autunno. Mitra segue attentamente il destino delle anime che in un perpetuo movimento scendono, attraverso la costellazione del Cancro, sulla terra per entrare nel corpo per poi, alla fine dell'esistenza, una volta abbandonate le spoglie mortali riguadagnare la via del cielo attraverso la costellazione del Capricorno.

Infine è evidente la sua posizione centrale e dominante rispetto ai segni dello zodiaco ma anche rispetto ai pianeti. Mitra assimilato al Sole sorge (*Cautes*), segna il mezzogiorno, la posizione centrale in cui compie il sacrificio salvifico del toro e, infine, tramonta (*Cautopates*). In quanto Sole muove i pianeti come si apprende dal passo di Claudiano già citato o anche da Marziano Capella[98] e, infine, scandisce il passare dell'anno (se alla parola Μείθραν - *Meithran* si dà valenza numerica, le singole lettere sommate tra loro danno come risultato trecentosessantacinque[99], il numero dei giorni dell'anno solare): *Basilides omnipotentem deum portentoso nomine appellat Abrasax*[100], *et eundem secundum graecas litteras et annui cursus numerum dicit in solis circulo contineri: quem ethnici sub eodem nomine aliarum litterarum vocant Meithran*[101]. Diversi autori evidenziano tra Mitra, pianeti e astri delle strette relazioni che inducono a fornire per i diversi elementi della tauroctonia anche una spiegazione che tenga conto degli uni e degli altri. D'altra parte divinità planetarie e costellazioni forniscono alla mitologia del dio persiano popolarità e fascino combinando insieme tradizione, innovazione e, non di rado, fantasia: "Ces interprétations sidérales n'avaient dans la dogmatique mithriaque qu'une importance secondaire, c'étaient des théories accessoires où l'imagination individuelle pouvait se donner carrière, les propos d'antichambre dont on entretenait les prosélytes de la porte avant de les admettre à la connaissance de la doctrine ésotérique et de leur révéler les traditions iraniennes sur l'origine et la fin de l'homme et du monde"[102].

In tal modo lo scorpione insidia il toro in quanto segno zodiacale ad esso diametralmente opposto, il cane che lappa il sangue che fuoriesce dalla ferita rappresenterebbe la canicola estiva che con il suo calore fa appassire la vegetazione, il corvo e il serpente rammentano le costellazioni omonime che si uniscono nella volta celeste a quella del cratere[103]. Per concludere le spighe, qualora presenti, costituirebbero un riferimento al segno della Vergine, costellazione che propizia l'abbondanza dei frutti e delle messi in particolare[104].

"Les dieux et les animaux, dont les hymnes sacrés racontaient les actions glorieuses ou funestes, devinrent par allégorie des astres ou des éléments"[105].

Della vicenda di Mitra si fornisce un'interpretazione cosmologica, sicuramente più accattivante, anche per coinvolgere di più gli iniziati o i possibili adepti. Il significato cosmologico viene immediatamente percepito e comunicato da tutti gli scrittori antichi che hanno documentato il culto di Mitra e alla fine si rivela il più immediato: "Le symbolisme astronomique, le seul dont les auteurs anciens parlent avec quelque détail, parait être aussi le seul qui ait été communiqué à la foule des fidèles et dont les profanes aient pu ainsi obtenir connaissance. Les doctrines iraniennes, qui constituaient l'originalité et la véritable valeur de la religion mithriaque, ne semblent avoir été dévoilées qu'à une élite, qui par sa piété s'était montrée digne de les connaître. Aussi les écrivains n'y font-ils jamais que des allusions discrètes"[106].

I pianeti[107], come i segni zodiacali, diventati estremamente popolari e rappresentati assai di frequente, nel Mitraismo tutelano i sette gradi di iniziazione ai misteri, *iter* spirituale di ogni adepto.

L'astrologia persiana, generalmente, attribuiva allo zodiaco un valore positivo. Le sue costellazioni, sorta di geni favorevoli, erano state create da Ahura Mazda per beneficare gli uomini, mentre i pianeti, probabilmente per le anomalie del loro moto retrogrado, erano considerati negativamente, espressione piuttosto di Ahriman che opera sempre in opposizione ad Ahura Mazda. Alla fine, zodiaco e pianeti arrivano in occidente, si arricchiscono di elementi ulteriori e spesso si gravano di tutta una serie di "réveries fatalistes"[108]: "L'astrologie gréco-romaine considérait les planètes comme des astres tantôt favorables tantôt hostiles, et le sectateurs de Mithra ont non seulement partagé les erreurs de cette pseudo – science, mais contribué puissamment à la répandre dans l'empire"[109].

Ma il fatalismo viene immediatamente risolto con sacrifici e preghiere[110] in grado di rendere favorevoli anche le stelle avverse e, perfino la Fortuna[111], che i più ritenevano intenta a regolare le vicende dell'universo e degli esseri umani, non sarebbe rimasta indifferente a certe pratiche propiziatorie. Ad ogni

pianeta corrisponde il nome di una vecchia divinità olimpica e, pertanto, con la sua immagine viene rappresentato fin dal I secolo d.C.

Giunto nel triclinio, il protagonista del *Satyricon* di Petronio Arbitro nota, tra le altre cose, che su una delle due tavolette poste sui battenti della porta erano dipinti: il corso della luna e i sette pianeti[112] e nei mitrei le divinità planetarie sono immagini a mosaico come ad Ostia antica, nel mitreo delle Sette sfere[113], di periodo antoniniano, e nel mitreo delle Sette porte[114], datato intorno al 160-170 d.C.; sono figure affrescate, come nel mitreo di Spoleto[115], ma anche statue contenute in nicchie come nel mitreo di Vulci[116], datato III sec. d.C., e, analogamente in quello di S. Silvestro in Capite[117]. Talvolta delle sette divinità si forniscono i busti come a Bologna[118], ma non mancano esempi di rappresentazioni simboliche delle stesse. Si ricorre allora a croci o a stelle con quattro o sei bracci, alle già citate stelle sul mantello di Mitra, oppure ai sette altari[119], ai sette alberi (cipressi)[120], agli altari (tre) che si alternano agli alberi (cipressi)[121], ai sette altari intervallati da sette coltelli[122], al gruppo coltello, altare fiammeggiante, bastone sostenente un berretto frigio e albero (un cipresso), ripetuto sette volte[123] o, infine, ai sette altari che si alternano a sette alberi come nel rilievo di Terni[124]. Per quanto riguarda gli altari, pur non esistendo alcuna testimonianza in merito, il riferimento alle divinità planetarie viene suggerito sia dal numero sette, sia dal fatto che l'altare ha valenza di sacrificio, mentre è più difficile spiegare i sette alberi tra gli altari e sette crateri, sopra citati come *urcei*[125]. Riprendendo gli altari unitamente agli alberi e agli *urcei* si potrebbe allora pensare ad un'allegoria degli elementi primordiali fuoco, terra e acqua[126], notando la posizione dei vasi alla base della grotta, lad-

dove ci si aspetterebbe la presenza di un corso d'acqua o di una fonte, d'altra parte si ricordi che presso Mitra il cratere è collocato al posto di una sorgente[127].

Tuttavia, qui la teoria dei quattro elementi, da cui la formazione di esseri viventi, terra e universo in genere, non soddisfa mancando evidentemente il riferimento all'aria. Turcan, per tale motivo, interpreta il cratere diversamente da Cumont. Riferendosi ai rilievi in cui, inferiormente alla tauroctonia è un leone davanti ad un cratere intorno al quale si avvolge un serpente, conclude che il cratere non è simbolo dell'acqua, ma piuttosto del vino, evidente riferimento al sacrificio che si sta compiendo nel registro soprastante. In conclusione: "Le motif du fauve qui s'approche du cratère ou s'y abreuve est bien connu dans l'art gréco-romain, et le vase est censé contenir non pas de l'eau, mais du vin. Ce vin est, dans le contexte mithriaque (comme en d'autres cultes), un substitut du sang et c'est la raison pour laquelle le cratère figure sous le taureau, comme s'il servait à en recueillir le sang"[128].

Ma le divinità planetarie possono significare anche altro: "... A ciò alludono la dottrina dei Persiani e il rito iniziatico mitraico che è in uso presso di loro. In essa si trova una rappresentazione simbolica delle due orbite celesti, quella delle stelle fisse e quella riservata ai pianeti, e del tragitto dell'anima attraverso di esse. È questa la rappresentazione simbolica: una scala a sette porte, alla cui sommità si trova un'ottava porta. La prima di quelle porte è di piombo, la seconda di stagno, la terza di bronzo, la quarta di ferro, la quinta nella lega per coniare le monete, la sesta d'argento, la settima d'oro. Attribuiscono la prima a Crono, giustificando attraverso il piombo la lentezza dell'astro, la seconda ad Afrodite, associando a questa la lucentezza e la tenerezza dello stagno, la terza, dotata di una solida base di bronzo a Zeus, la quarta a Ermes, perché il ferro e Ermes sopportano ogni attività, procurano ricchezze e sono particolarmente resistenti alla fatica, la quinta, costituita da una lega irregolare e colorata, ad Ares, la sesta, d'argento, alla Luna, la settima, d'oro, al Sole ..."[129].

Questo passo evidenzia relazioni tra pianeti e metalli suggerendo ulteriori valenze simboliche. I corpi celesti, d'altra parte, fin dall'antichità babilonese erano connessi ai metalli e alle loro proprietà tanto più che, secondo le antiche storie, ognuno di essi nasceva nelle profondità della terra sotto i loro auspici; ma Saturno, Venere, Giove, Mercurio, Marte, Luna e Sole, se associati a epoche distinte forniscono anche una scala temporale[130] in cui i pianeti, da Saturno al Sole, disposti diversamente dalla loro posizione canonica (il Sole ne segna la fine e Saturno, mitica età dell'oro, ne rappresenta l'inizio), scandiscono un ciclo temporale che tende all'eterno.

Comunque vada intesa la serie planetaria, ascensione tra gli astri o successione temporale, chi intraprende questo cammino mira all'eternità, cercandola al di là delle orbite planetarie oppure, esaurite una per una tutte le sette ere, al di là di ogni tempo.

Su diverse stele provenienti dall'area danubiana[131] Mitra sale sul carro insieme a Sol, la quadriga punta verso il cielo (ne è spesso presente l'allegoria) per poi incontrare un personaggio avvolto in spire di serpente. Tale personaggio, dalla testa umana o leonina, talvolta barbato o dall'aspetto giovanile, è stato variamente interpretato[132], nondimeno "... le spire serpentine caratterizzano in senso "aionico" questa figura e la sua presenza a conclusione del complesso *iter* percorso da Mithra qualifica per un verso lo scenario in cui esso si è svolto (il grande tempo cosmico) e per l'altro allude forse ad un superamento di esso, nell'*ascensus* verso il mondo divino"[133].

* gawain@virgilio.it

NOTE

[1] Su questo tema si vedano, in particolare, F. CUMONT, *Le mysticisme astral dans l'antiquité* (CUMONT 1909, pp. 256-286); DAREMBERG–SAGLIO 1919, p. 1054, s.v. "zodiacus"; JOFFE–DE FLORENTIIS 1958, pp. 171-177; BOLL–BEZOLD–GUNDEL 1979, pp. 23-41; LE BOEUFFLE 1989; DOMENICUCCI 1996. Si veda, ancora di F. CUMONT, *Astrologia e religione presso i greci e i romani. Il culto degli astri nel mondo antico*, a cura di A. Panaino (CUMONT 1997); inoltre, TESTER 1999, pp. 35-91; BAKHOUCHE 2002; TOSI 2003, pp. 121-151 e il recente testo di E. LO SARDO, *Il Cosmo degli Antichi. Immagini e visioni dell'Universo dal mondo mitico al Rinascimento* (LO SARDO 2007, pp. 95-122).

[2] CUMONT 1997, p. 124.

[3] CUMONT 1997, p. 125.

[4] *M. Valeri[us] / Maximu[s] / sacerdo[s] / d(ei) S(olis) I(nvicti) M(ithrae) / stu[di(osus)] astrologia[e] / sibi et / Severiae Apr… / uxori. / H(oc) m(onumentum) b(eredem) n(on) [s(equetur)]*. Cfr. *CIMRM* I, 708.

[5] Episodio autentico o dettato da propaganda politica? A questo proposito Patrizio Domenicucci: «Appare, dunque più che legittimo il sospetto che l'episodio non sia autentico – e forse con esso gli stessi dati sul giorno e l'ora di nascita di Augusto allegati all'inizio della biografia svetoniana (Suet., *Aug.*, 5, 1), che appaiono comunque acquisiti ed operanti in età augustea – ma funzionale alla ricostruzione a posteriori di un destino astrale benaugurante, certificato dalla massima autorità del tempo», DOMENICUCCI 1996, p. 112, nota 48.

[6] *Quo natus est die, cum de Catilinae coniuratione ageretur in curia et Octavius ob uxoris puerperium serius affuisset, nota ac vulgata res est P. Nigidium, comperta morae causa, ut horam quoque partus acceperit, affirmasse dominum terrarum orbi natum*, Suet., *Aug.*, 94, 4 e anche Cass. Dio, *Hist. Rom.*, 45, 1, 3.

[7] *In secessu Apolloniae Theogenis mathematici pergulam comite Agrippa ascenderat; cum Agrippae, qui prior consulebat, magna et paene incredibilia praedicerentur, reticere ipse genituram suam nec velle edere perseverabat, metu ac pudore ne minor inveniretur. Qua tamen post multas adbortationes vix et cunctanter edita, exiliit Theogenes adoravitque eum*, Suet., *Aug.*, 94, 17.

[8] *Tantam mox fiduciam fati Augustus habuit, ut thema suum vulgaverit […]*, *Ibid.* 94, 17.

[9] *[…] nummumque argenteum nota sideris Capricorni, quo natus est, percusserit, Ibid.* 94, 17.

[10] DAREMBERG–SAGLIO 1919, s.v. *Zodiacus*, p. 1054.

[11] Diversamente Germanico. Nei suoi *Arati Phaenomena*, vv. 550-560, cambia il segno del concepimento da Capricorno a Sagittario e, nell'apoteosi, «è il Sagittario che porta l'anima divina di Augusto agli astri

materni poiché era stato concepito sotto quel segno (era il 23 settembre del 63 a.C., quindi concepito nove mesi prima, in dicembre)», cfr. TOSI 2003, p. 131.

[12] Cfr. DOMENICUCCI 1996, p. 105.

[13] Cfr. DOMENICUCCI 1996 p. 113.

[14] Cass. Dio, *Hist. Rom.*, 56, 25, 5.

[15] Tac., *Ann.*, 6, 21.

[16] DOMENICUCCI 1996, pp.142-143.

[17] *[…] precipua cenationum rotunda, quae perpetuo diebus ac noctibus vice mundi circumageretur»*, Suet., *Nero*, 6, 31.

[18] *Stella crinita, quae summis potestatibus exitium portendere vulgo putatur, per continuas noctes oriri coeperat. Anxius ea re, ut ex Balbillo astrologo didicit, solere reges talia ostenta caede aliqua illustri expiare atque a semet in capita procerum depellere, nobilissimo cuique exitium destinavit; enimvero multo magis et quasi per iustam causam duabus coniurationibus provulgatis, quarum prior maiorque Pisoniana Romae, posterior Viniciana Beneventi conflata atque detecta est, Ibid.* 6, 36.

[19] *Quid Romae faciam? mentiri nescio; librum, si malus est, nequeo laudare et poscere; motus astrorum ignoro […]*, Iuven., *Sat.*, 3, 41.

[20] *[…] illius occursus etiam vitare memento, in cuius manibus ceu pinguia sucina tritas cernis ephemeridas, quae nullum consulit et iam consulitur, quae castra viro patriamque petente non ibit pariter numeris revocata Thrasylli. Ad primum lapidem vectari cum placet, hora sumitur ex libro; si prurit frictus ocelli angulus, inspecta genesi collyria poscit ; aegra licet iaceat, capiendo nulla videtur aptior hora cibo nisi quam dederit Petosiris. Ibid.* 6, 572-581.

[21] *[…] sustuli me de negotiatione et coepi libertos fenerare.* Petr., *Sat.*, 76, 10-11.

[22] *Et sane nolente me negotium meum agere exhortavit mathematicus, qui venerat forte in coloniam nostram, Graeculio, Serapa nomine, consiliator deorum. Hic mihi dixit etiam ea, quae oblitus eram; ab acia et acu mi omnia exposuit; intestinas meas noverat; tantum quod mihi non dixerat, quid pridie cenaveram. Putasses illum semper mecum habitasse. Ibid.* 76, 10-11.

[23] *Tunc in quadam civitate Africana, cum sollicitus mathematicum consuluisset positaque hora ingentia vidisset, astrologus dixit ei: «Tuam non alienam pone genituram», cumque Severus iurasset suam esse, omnia ei dixit, quae postea facta sunt.* SHA, *Sept. Sev.*, 2, 8 e 9.

[24] *Cum amissa uxore aliam vellet ducere, genituras sponsarum requirebat, ipse quoque matheseos peritissimus, et cum audisset esse in Syria quadam, quae id geniturae haberet, ut regi iungeretur, eandem uxorem petit, Iuliam scilicet, et accepit interventu amicorum. Ex qua statim pater factus est. Ibid.* 3, 9.

[25] *Ibid.* 4, 2.

[26] *In Sicilia quasi de imperio vel vates vel Chaldaeos consuluisset, reus factus est. A praefect. praet., quibus audiendus datus fuerat, iam Commodo in odium veniente*

absolutus est calunniatore in crucem acto. *Ibid.* 4, 3.

[27] La salvaguardia della *salus principis* coincide con lo *status rei publicae*, e a questo proposito, la legislazione non lascia adito a dubbi: Paul., *Dig.*, 5, 21, 3: *Qui de salute principis vel summa rei publicae mathematicos hariolos haruspices vaticinatores consulit, cum eo qui responderit capite punitur*. Ulpiano attesta la proibizione non solo dell'esercizio di pratiche magiche e astrologiche ma anche della loro stessa conoscenza, anche se di fatto esisteva al riguardo una certa tolleranza. Ulp., *Coll. Leg. Mosaic. et Roman.*, 15, 2, 1, *Praeterea interdictum est mathematicorum callida impostura et obstinata persuasione. Nec hodie primum interdici eis placuit, sed vetus haec prohibitio est. Denique extat senatus consultum Pomponio et Rufo conss. Factum < a. 17 >, quo cavetur, ut mathematicis Chaldaeis Ariolis et ceteris, qui simile inceptum fecerunt, aqua et igni interdicatur omniaque bona eorum publicentur, et si externarum gentium quis id fecerit, ut in eum animadvertatur; Ibid.* 15, 2, 2: *Sed fuit quaesitum, utrum scientia huiusmodi hominum puniatur an exercitio et professio. Et quidem apud veteres dicebatur professionem eorum, non notitiam esse prohibitam: postea variatum. Nec dissimulandum est nonnumquam inrepsisse in usum, ut etiam profiterentur et publice se praeberent. Quod quidem magis per contumaciam et temeritatem eorum factum est, qui visi erant vel consulere vel exercere, quam quod fuerat permissum ; Ibid.* 15, 2, 3: *Saepissime denique interdictum est fere ab omnibus principibus, ne quis omnino huiusmodi ineptiis se immisceret, et varie puniti sunt ii qui id exercuerint, pro mensura scilicet consultationis. Nam qui de principis salute, capite puniti sunt vel qua alia poena graviore adfecti: enimvero si qui de sua suorumque, levius. Inter bos habentur vaticinatores, quamquam ii quoque plectendi sunt, quoniam nonnumquam contra publicam quietem imperiumque populi Romani inprobandas artes exercent.*

[28] *Multos etiam, quasi Chaldaeos aut vates de sua salute consuluissent, interemit, praaecipue suspectans unumquemque idoneum imperio, cum ipse parvulos adhuc filios haberet idque dici ab his vel crederet vel audiret, qui sibi augurabantur imperium*, SHA, *Sept. Sev.*, 15, 5.

[29] Cass. Dio, *Hist. Rom.*, 76, 11, 1.

[30] *Opera publica praecipua eius extant Septizonium et thermae Severianae, eiusdemque Septimianae in Transtiberina regione ad portam nominis sui, quarum forma intercidens statim usum publicum invidit,* SHA, *Sept. Sev.*, 19, 5, e ancora: *Cum Septizodium faceret, nihil aliud cogitavit quam ut ex Africa venientibus suum opus occurreret et, nisi absente eo per praefectum urbis medium simulacrum eius esset locatum, aditum Palatinis aedibus, id est <in> regium atrium, ab ea parte facere voluisse perhibetur,* SHA, *Sept. Sev.*, 34, 3-4.

[31] CUMONT 1913, pp. 447-479

[32] Iul., *Oratio in Solem regem*, 1, 5 in FONTAINE–PRATO–MARCONE 2000, pp. 100-101.

[33] *Ibid*. p. XXIX.

[34] CUMONT 1997, p. 128.

[35] "Sotto le rupi della grotta persiana Mitra afferra le corna del toro recalcitrante costringendolo a seguirlo", Stat., *Teb.*, 1, 719-720.

[36] *Ibid*. p. 126.

[37] Cippo in travertino (alt. cm 75, largh. cm 31 e cm 36 alla base, prof. cm 28,5) rinvenuto in un vigneto della Valle del fiume Paglia e successivamente riutilizzato come acquasantiera nella Chiesa di S. Maria Vecchia, Pieve di Ficulle, dove tuttora si trova, conservato nel presbiterio della suddetta Pieve. Lavorato su tre lati, il cippo presenta modanature in alto e in basso, sopra lo zoccolo. Sul lato principale una cornice, ugualmente modanata, evidenzia lo specchio in cui è incisa l'epigrafe. Un *urceus* e una patera sono presenti rispettivamente sui lati secondari, sinistro e destro. Nel complesso lo stato di conservazione è abbastanza buono tuttavia la parte alta manca di un grosso frammento mentre quella frontale è lesionata sulla destra con conseguente perdita di alcune lettere dell'epigrafe, dalla riga V alla riga IX. Perfettamente conservati sono, invece, i lati secondari. Cfr. *CIMRM* II, 660.

[38] Il medesimo personaggio ricorre in altri testi epigrafici uno con dedica a Diana, *CIL* XI, 2683, e un altro dedicato alla Fortuna Primigenia, *CIL* XIV, 2853.

[39] *MMM* I, p. 308.

[40] *MMM* I, p. 311.

[41] Porph., *De Anthr. nymph.*, 6, in SCARPI 2002, vol. II, D4, pp. 378 -379.

[42] Iul., *Caes.*, 38, in SANSI 2003, 12.2, p. 425.

[43] TURCAN 2004, p. 112.

[44] *MMM* II, p. 50.

[45] Tert., *De praescr. haeret.*, 40, 4, in SCARPI 2002, vol. II, G8, pp. 410-411.

[46] Iscrizioni dal mitreo di S. Prisca, in SANSI 2003, 26.1, p. 439.

[47] TURCAN 2004, pp. 60-61 e 112, tavv. 6-7.

[48] *CIL* VI, 1779, parte posteriore, riga 9.

[49] SFAMENI GASPARRO 2003, p.137.

[50] Esprimendosi in modo più tecnico, è quella che viene catalogata da Campbell come tipo VII e sottotipo C (cfr. CAMPBELL 1968, pp. 2-3) e da Vollkommer come tipo C e sottotipo 2 (VOLLKOMMER 1991, p. 271). In generale è il «tipo danubiano» di Turcan (TURCAN 2004, p. 57-58) che, per le sue dimensioni modeste, è il più adatto a comunità ristrette che magari potevano essere soggette a trasferimenti da un luogo all'altro.

[51] In generale su Mitra e il Mitraismo: *MMM* I; CUMONT 1913; VERMASEREN 1960; CLAUSS 1990 e, del medesimo autore, *Cultores Mithrae. Die Anhängerschaft des Mithras-Kultes*, Stuttgart, Franz Steinr Verlag 1992 (CLAUSS 1992); si vedano anche TURCAN 2004; SFAMENI GASPARRO 2003, pp. 119-160. Sul rilievo di Terni in particolare: EROLI 1880 e EROLI 1881; *MMM* II, mon. 96; *MMM* I, p.

116; ROSSI PASSAVANTI 1932; *CIMRM* I, 670. Si vedano, inoltre, *L'Umbria. Manuali per il territorio. Terni*, I-II, Roma, Edindustria 1980, p. 186 (*Umbria* 1980); RINALDI 1985 e 1985a; ZAMPOLINI FAUSTINI 1993, p. 68, fig. 44; ANDREANI 1995, n. 7, p. 121 e fig. 8; si vedano, inoltre, ANDREANI–FORA 2002, pp. 74-75; GIONTELLA 2006, p. 300; GIORGI 2008, scheda 183, pp. 173-174.

[52] *CIL* XI, 4235

[53] *MMM* II, mon. 96, p. 254.

[54] *Umbria* 1980, p. 186.

[55] ANDREANI–FORA 2002, pp. 74-75; GIORGI 2008, p. 173.

[56] EROLI 1880, pp. 6-7.

[57] EROLI 1880, p. 7.

[58] Più pittorescamente Eroli: "Una mano nemica ebbelo tutto quanto danneggiato e sfigurato; né io credo sia avvenuto per trastullo di gente rozza di campagna; ma piuttosto per fanatismo religioso de' nuovi seguaci di Cristo, che, trionfando sul paganesimo, diedersi ad atterrare i templi, a distruggere gl'idoli, o guastarli, non potendoli per qualche ragione del tutto distruggere. E di questo loro odio abbiam frequenti segni in più monumenti pagani di Roma e dell'Italia, tanto appartenenti a Mitra, quanto ad altri Numi. E presero a sfigurarne specialmente i volti, forse perché nel volto sta d'ordinario espresso il sentimento e l'animo di ciascun, e per conseguenza da lì parte quella corrente e forza magnetica che potentemente ammalia, affascina e lega insieme due cuori. E la nostra immaginazione attribuisce in ciò anco alle finte immagini quella stessa potenza che truovasi realmente nelle vere". Cfr. EROLI 1880, p. 8.

[59] *MMM* I, 96, p. 254.

[60] EROLI 1880, p. 8.

[61] LAJARD 1867, tav. LXXIX, nn. 1 e 2.

[62] *CIMRM* I, 368.

[63] *CIMRM* II, 1973.

[64] Per la datazione del rilievo di S. Lucia i Selce cfr. LIVERANI 1989, p. 34. Per il periodo cronologico al quale è ascrivibile il rilievo di *Apulum* cfr. *MMM* II, p. 547.

[65] BASTIANELLI MOSCATI 2007, pp. 27-53 e figg. 1-10.

[66] Porph., *De Anthr. nymph.* 5-6, in *Le religioni dei misteri*, in SCARPI 2002, vol. II, D4, pp. 378-379.

[67] *Ibid*. c. 3-4; *MMM* II, text. litt., a, pp. 39-40.

[68] Come nel Mitreo delle Sette Porte e nel Mitreo delle pareti dipinte entrambi a Ostia, cfr. BECATTI 1954, pp. 93-100 e fig. 20, tav. XIX e pp. 59-68, figg. 12-14, tav. XI.

[69] In un bassorilievo, *CIMRM* I, 383, l'A-ion ha una torcia in mano e soffia su un altare fiammeggiante posto ai suoi piedi. In altri due casi, un bassorilievo, *CIMRM* I, 543 e una statua, *CIMRM* I, 544, la cavità della bocca attraversa da parte a parte la lastra e la testa. G. Zoega (ZOEGA 1817, p. 200) segnala la presenza di una scanalatura, che dall'apertura posteriore, in linea obliqua, arrivava fino alla base, e che poteva contenere un tubo. Con l'aiuto di un soffietto l'aria, pompata al suo interno, uscendo dalla

bocca poteva servire a ravvivare la fiamma sull'altare. Altri giochi pirotecnici avrebbero potuto sfruttare la medesima apertura della bocca per far vomitare fiamme al Leontocefalo e contribuire in tal modo alla suggestione del luogo e del momento. Cfr. *MMM* I, pp. 80-81.

[70] Cfr. il già citato bassorilievo in marmo bianco da S. Lucia in Selci sul Colle Esquilino, oggi al Museo Chiaramonti, inv. n. 568, *CIMRM* I, 368; il gruppo di marmo bianco da Ostia antica, oggi al Vaticano, Galleria lapidaria, *CIMRM* I, 310; il rilievo in marmo bianco da Ostia antica, oggi al Vaticano, Galleria lapidaria, *CIMRM* I, 245; il frammento di bassorilievo rivenuto a Quadraro, oggi al Museo Chiaramonti, inv. n. 569, *CIMRM* I, 321; il Mitra tauroctono, ad affresco, del mitreo Barberini, *CIMRM* I, 390 e dei mitrei di Marino (VERMASEREN 1982), e di Capua, *CIMRM* I, 181.

[71] Claudian., *De cons. Stil.*, I (XXI), v. 63.

[72] *MMM* I, p. 199.

[73] *MMM* I, p. 190.

[74] *CIMRM* I, 207.

[75] *MMM* I, p. 191.

[76] *MMM* I, pp. 102-103 e 192.

[77] *MMM* I, p. 192.

[78] *MMM* I, p. 189.

[79] *MMM* I, p. 192.

[80] "Un détail étrange qui se répète sur presque tous nos monuments… la queue dressée de l'animal expirant se termine par une touffe d'épis", *MMM* I, p. 186. Il numero delle spighe varia, una, tre, cinque o sette sono sempre dispari, cfr. *MMM* I, p. 186, nota 5.

[81] *MMM* I, pp. 192-193.

[82] GIORGI 2008, p. 173.

[83] *MMM* I, p. 192.

[84] *MMM* I, pp. 203-213.

[85] Per i dadofori che presentano la medesima posizione del rilievo di Terni cfr. *CIMRM* I, 417, 408, 368, 532, 533, 534, 334, 588, 174, 663, 759. Per *Cautes*, a destra, e *Cautopates*, a sinistra cfr. *CIMRM* I, 366, 350, 321, 204, 172, 693, 723, 726, 736.

[86] *MMM* I, p. 207.

[87] *MMM* I, p. 207.

[88] *MMM* I, pp. 121-128.

[89] Vengono eliminati tuttavia in caso di gruppi a tutto tondo, sebbene *Sol* sia comunque presenza tangibile nell'espressione del dio.

[90] *MMM* I, p. 121.

[91] Nei seguenti rilievi toro e scorpione sono attributi di *Cautes* e *Cautopates*: *MMM* II, monn. 140, 191; *CIMRM* I, 431, 694. Della coppia resta soltanto *Cautes*, *MMM* II, monn. 212, 229 *a*, 258 *b*. Nel rilievo *CIMRM* I, 408, l'ordine è invertito: *Cautes* con lo scorpione e *Cautopates* con il toro, errore o restauro mal fatto? In un rilievo da Roma, *CIMRM* I, 335 e in un altro da Bologna, *CIMRM* I, 694, *Cautes* con il toro e *Cautopates* con lo scorpione sono vieppiù affiancati da due alberi, il primo carico di frutti e simbolo primaverile, mentre il secondo, una conifera sempre verde, è simbolo della natura che declina.

[92] *MMM* I, nota 10, p. 210.

[93] *MMM* I, p. 210.

[94] *MMM* I, p. 211.

[95] Il rilievo, in marmo greco, rinvenuto "*prope rudera Torris Mesae, quae a nonnullis ad Solis templum ab Aureliano exstructum refertur*", é conservato nel Museo Torlonia, *CIMRM* I, 408. Le iscrizioni, nel campo del rilievo stesso (sulla destra) e sul bordo inferiore, *Soli invicto / L(ucius) Aur(elius) Severus / cum paremboli(s) / et [h]ypobasi / voto fecit* ; [*Soli i]nvicto / Mithrae [f]ec(it) L(ucius) Aur(elius) Severus Pra[es(idente) L(ucio) Domitio Mar[cel]lino patr(e)*, *CIMRM* I, 409, sono datate alla fine del II secolo d.C. in base ad un confronto con la seguente iscrizione datata 181 d.C., in cui compaiono i medesimi personaggi: *L. Aur(elius) Severus sicut / voverat Invictum / deum dedic(avit) mens(e) apr(ili) / Commodo Aug(usto) III et / L. Antistio Burro co(n)s(ulibus) / [p]raes(idente) Domit(io) Marcellin(o) patr(e)*, *CIMRM* I, 410.

[96] *CIMRM* I, 431 e 694.

[97] Porph., *De Anthr. nymph.*, 24, in SCARPI 2002, vol. II, A 10, pp. 360-361.

[98] *Nam medium tu curris iter, dans solus amicam Temperiem superis, compellens atque coercens Sidera sacra deum cum legem cursibus addis*, *MMM* I, nota 8, p. 201.

[99] *MMM* I, p.201; MERKELBACH 1998, p. 216; CLAUSS 1990, p. 165.

[100] Anche i valori numerici delle lettere di Abrasax, se sommate danno come risultato trecentosessantacinque, cfr, *MMM* II, nota 1, p. 19.

[101] Hieron., *Comment. in Amos*, vv. 9-10; *MMM* II, text. litt., p. 19.

[102] *MMM* I, p. 202.

[103] *Hydra in qua Corvus insidere et Crater positus existimatur*, Hygino, *Astronomia*, 2, 40; *MMM* I, p. 202, nota 4.

[104] *Hinc dona puellae namque nitent, illinc oriens est ipsa puella …; At, cum per decimam consurgens horrida partem spica feret prae se vallantis corpus aristas …*, Manil., *Astron.*, 5, 254-255 e 270-271.

[105] *MMM* I, p. 198.

[106] *MMM* I, p. 73.

[107] *MMM* I, pp. 112-120.

[108] *MMM* I, p. 120.

[109] *MMM* I, p. 120.

[110] *Per istos remedia aegritudinum, indicia futurorum, placationes daemonum et depulsiones promittuntur umbrarum.*

Addunt se et illi qui totam humanae vitae conditionem de stellarum pendere effectibus mentiuntur, et quod est aut divinae voluntatis aut nostrae, indeclinabilium dicunt esse fatorum. Quae tamen, ut cumulatius noceant, spondent posse mutari, si illis quae adversantur sideribus supplicetur. Unde commentum impium sua ratione destruitur, quia si praedicta non permanent, non sunt fata metuenda, si permanent , non sunt astra veneranda, Leo Magnus, *Serm.*, XXVII, In nativ. Domini, VII, 3, in *MMM* II, text. litt., p. 67, *a*.

[111] La Fortuna entra nel culto di Mitra a vario titolo semplicemente come *Fortuna* (*MMM* II, inscr. 438), *Fortuna Primigenia* (*MMM* II, inscr. 161) e *Fortuna Respiciens* (*MMM* II, inscr. 423); due statue della dea provengono dal mitreo di Londra (*MMM* II, mon. 267 c) e da Memphis (*MMM* II, mon. 286 l), cfr. *MMM* I, p. 86 e pp. 151-153.

[112] […] *lunae cursum stellarumque septem imagines pictas*, Petr., *Sat.*, 30.

[113] Cfr. BECATTI 1954, pp. 47-51 e p. 143.

[114] *Ibid.* pp. 93-96 e p. 143.

[115] Nel mitreo di Spoleto venne altresì rinvenuto un rilievo con segni zodiacali. Cfr. BASTIANELLI MOSCATI 2007, p.37.

[116] Cfr. SGUBINI MORETTI 1979, p. 267.

[117] GALLO 1978, pp. 231-247.

[118] *CIMRM* I, 693.

[119] *CIMRM* I, 1275, 1475, 1935, 1972, 2034, 2068, 2245; nel rilievo da Timișoara, *CIMRM* II, 2052, tra i sette altari sono bottoni a rilievo.

[120] *CIMRM* II, 1083 *recto*.

[121] *CIMRM* II, 1791.

[122] *CIMRM* I, 335.

[123] *CIMRM* II, 1973.

[124] Cfr. a questo proposito anche il bassorilievo dall'Esquilino già citato, in cui dei sette altari ne restano solo sei perché uno è scomparso dopo il restauro dell'angolo in alto a sinistra, *CIMRM* I, 368 e il bassorilievo in marmo bianco da *Civitas Montanensium*, Kutlovica, oggi al Museo Nazionale di Sofia che sul bordo inferiore presenta la seguente iscrizione: *Deo san/cto in/victo Lucaius ex votu po(suit)*, *MMM* II, mon. 135 e inscr. 228

[125] Sulla forma del vaso in questione p.101.

[126] Cfr. *MMM* I, pp. 102-103.

[127] Porph., *De Anthr. nymph.*, c. 18, 1-2, *MMM* I, text. litt., c, p. 40.

[128] TURCAN 2004, p. 62.

[129] Orig.., *Contra. Celsum.*, VI, 22, in SCARPI 2002, vol. II, G 7, pp. 360-361.

[130] TURCAN 2004, pp. 110-111.

[131] *CIMRM* II, 1475, fig. 377; 1935, fig. 505; 1959, fig. 512; 1972, fig. 513; 1974-1975, fig. 515; 2036, fig. 534; 2166; 2171, fig. 591; 2291, fig. 634 b; 2338, fig. 650; 2297-2298.

[132] Cumont (cfr. *MMM* I, pp. 74-85), fermo restando che il riferimento più antico è a Zurvân, il tempo infinito degli Achemenidi, all'origine di tutto e padre di Ahura Mazda e Ahriman, asserisce che il nome accettato in genere per tale divinità è quello di Saturno o Chronos, mentre Zoega lo definisce Aion (*op. cit.*, p. 187 ss.), anche se alcuni autori antichi (*MMM* I, note 5 e 6 p. 77) si esprimono diversamente al riguardo. Essi infatti individuano sì nel leontocefalo una divinità che presiede il tempo ma lo identificano piuttosto come Saturno, il *Frugifer* di Arnobio di Sicca, epiteto del Saturno d'Africa (*MMM* I, pp. 77-78 e cfr. *MMM* II, p. 58 ma anche Suppl. p. 461). Si tratterebbe quindi di un dio del tempo ma con in più l'idea di colui che porta frutti e favorisce la vegetazione (cfr. CASARI 2001, pp. 164-166). Vermaseren, nel suo *Corpus Inscriptionum et Monumentorum Religionis Mithriacae*, lo definisce generalmente Saturno, associando divinità planetaria del VII grado dell'*iter* iniziatico, e dio del tempo. Altri (cfr. SFAMENI GASPARRO 2003, nota 60, p. 142) in base a due iscrizioni (cfr. *CIMRM* I, 221-222, 369; *CIMRM* II, 1773, fig. 461 e 1775) lo hanno identificato come *Deus Arimanius*. Tuttavia il riferimento all'Ahriman persiano lo qualificherebbe come entità negativa mentre qui gli attributi lo caratterizzano comunque positivamente. Che si tratti di un Ahriman reinterpretato in chiave mitraica o meno, questa divinità che è dotata in alcune immagini di una chiave (cfr. *MMM* II, monn., 240, 253f, 277d, 284; *CIMRM* II, 503, 543, 589, 665) o di due chiavi (cfr. *MMM* II, mon. 123c; *CIMRM* II, 74, 382, 551, 544, 312, 314, 833, 879), sembra alludere al tempo infinito dal quale tutto ha origine. Probabilmente, proprio per tale motivo, si trova alla fine di tutta la vicenda, in attesa di Mitra e *Sol* sulla quadriga, per aprire loro le porte del cielo.

[133] SFAMENI GASPARRO 2003, p. 149.

BIBLIOGRAFIA

ANDREANI 1995 = C. ANDREANI, *Interamna Nahars: testimonianze di vita politica, economica e sociale*, in *MemStor* 7, 1995, pp. 99-125.

ANDREANI–FORA 2002 = C. ANDREANI, M. FORA, *Interamna Nahars*, in *Supplementa Italica* 19, 2002, pp. 11-128.

BAKHOUCHE 2002 = B. BAKHOUCHE, *L'Astrologie à Rome*, Leuven 2002.

BASTIANELLI MOSCATI 2007 = G. BASTIANELLI MOSCATI, *Il mitreo di Spoleto*, in *Bollettino della Deputazione di Storia Patria per l'Umbria* 104, 2007, pp. 27-53.

BECATTI 1954 = G. BECATTI, *Scavi di Ostia. I mitrei*, Roma 1954.

BOLL–BEZOLD–GUNDEL 1979 = F. BOLL, C. BEZOLD, W. GUNDEL, *Storia dell'Astrologia*, Bari 1979.

CAMPBELL 1968 = L.A. CAMPBELL, *Mithraic Iconography and Ideology*, L'Aja 1968.

CASARI 2001 = P. CASARI, *Un leontocefalo mitriaco nel Civico Museo di Storia ed Arte di Trieste*, in *AttiMemIstria* 101, (49 della Nuova Serie), 2001, pp. 159-170.

CIL = Corpus Inscriptionum Latinarum, Berolini.

CIMRM = M.J. VERMASEREN, *Corpus Inscriptionum et Monumentorum Religionis Mithriacae*, I-II, L'Aja 1956-1960.

CLAUSS 1990 = M. CLAUSS, *Mithras: Kult und Mysterien*, Munich 1990.

CLAUSS 1992 = M. CLAUSS, *Cultores Mithrae. Die Anhängerschaft des Mithras-Kultes*, Stuttgart 1992.

MMM I = F. CUMONT, *Textes et monuments figurés relatifs aux mysterès de Mitra*, I, Bruxelles 1899.

MMM II = F. CUMONT, *Textes et monuments figurés relatifs aux mysterès de Mithra*, II, text. litt., Bruxelles 1896.

CUMONT 1909 = F. CUMONT, *Le mysticisme astral dans l'antiquité* in *Bulletin de la Classe des Lettres et des Sciences morales et politiques et de la Classe des Beaux – Arts* 1, Bruxelles 1909.

CUMONT 1913 = F. CUMONT, *Les mystères de Mitra*, Bruxelles 1913.

CUMONT 1997 = F. CUMONT, *Astrologia e religione presso i greci e i romani. Il culto degli astri nel mondo antico*, a cura di A. PANAINO, Milano 1997.

DAREMBERG–SAGLIO 1919 = CH. DAREMBERG, E. SAGLIO (éds.), *Dictionnaire des Antiquités grecques et romaines*, V, Paris 1919.

DOMENICUCCI 1996 = P. DOMENICUCCI, *Astra Caesarum. Astronomia, Astrologia e Catasterismo da Cesare a Domiziano*, Pisa 1996.

EROLI 1880 = G. EROLI, *Il dio Mitra a Terni*, estratto dal giornale: *Il Buonarroti*, ser. 2, vol. XIV, Roma, settembre 1880.

EROLI 1881 = G. EROLI, *Adunanze dell'Instituto*, in *BdI*, 1881, pp. 82-83.

FONTAINE–PRATO–MARCONE 2000 = J. FONTAINE, C. PRATO, A. MARCONE (a cura di), *Giuliano Imperatore. Alla Madre degli dei e altri discorsi*, Milano 2000.

GALLO 1979 = D. GALLO, *Il Mitreo di San Silvestro in Capite*, in *Mysteria Mithrae* 1979, pp. 231-247.

GIONTELLA 2006 = C. GIONTELLA, *Terni, Museo Archeologico. Materiali lapidei*, in *Arte e territorio*, Vol. III, 2006, pp. 297-302.

GIORGI 2008 = F. GIORGI, *Rilievo con Mitra tauroctono*, in F. COARELLI, S. SISANI (a cura di), *Museo Comunale di Terni. Raccolta archeologica. Sezione romana*, Milano-Perugia 2008.

JOFFE–DE FLORENTIIS 1958 = M. JOFFE, G. DE FLORENTIIS (a cura di), *La conquista delle stelle. Astrolatria. Astrologia. Astronomia. Astrofisica*, Milano 1958.

LAJARD 1867 = F. LAJARD, *Recherches sur le culte public et les mystères de Mytra en orient et en occident par Felix Lajard*, Paris 1867.

LE BOEUFFLE 1989 = A. LE BOEUFFLE, *Le ciel des Romains*, Paris 1989.

LIVERANI 1989 = P. LIVERANI, *Museo Chiaramonti*, Roma 1989.

LO SARDO 2007 = E. LO SARDO, *Il Cosmo degli Antichi. Immagini e visioni dell'Universo dal mondo mitico al Rinascimento*, Roma 2007.

MERKELBACH 1998 = R. MERKELBACH, *Mitra. Il signore delle grotte*, Genova 1998.

Mysteria Mithrae 1979 = U. BIANCHI (a cura di), *Mysteria Mithrae* (Atti del Seminario Internazionale su 'La specificità storico religiosa dei Misteri di Mitra, con particolare riferimento alle fonti documentarie di Roma e Ostia', Roma e Ostia 28-31 Marzo 1978), Leiden 1979.

RINALDI 1985 = P. RINALDI, *L'archeologia dell'antica Interamna*, in *Indagini* 28, 1985, pp. 39-48.

RINALDI 1985a = P. RINALDI, *Materiali per il Museo archeologico di Terni*, Terni 1985.

ROSSI PASSAVANTI 1932 = E. ROSSI PASSAVANTI, *Interamna Nahars. Storia di Terni dalle origini al Medioevo*, Roma 1932.

SANSI 2003 = E. SANSI, *I culti orientali nell'Impero romano. Un'antologia di fonti*, Cosenza 2003.

SCARPI 2002 = P. SCARPI (a cura di), *Le religioni dei misteri*, con la collaborazione di Benedetta Rossignoli, Milano 2002.

SFAMENI GASPARRO 2003 = G. SFAMENI GASPARRO, *Misteri e teologie per la storia dei culti mistici e misterici nel mondo antico*, Cosenza 2003.

SGUBINI MORETTI 1979 = A.M. SGUBINI MORETTI, *Nota preliminare su un mitreo scoperto a Vulci*, in *Mysteria Mithrae* 1979, pp. 259-276.

TESTER 1999 = J. TESTER, *Storia dell'Astrologia occidentale*, Genova 1999.

TOSI 2003 = G. TOSI, *Lo Zodiaco in fonti letterarie e iconografiche di età romana* in *Rivista italiana di Archeoastronomia. Astronomia nell'Antichità. Astronomia storica. Astronomia e Cultura*, I, 2003.

TURCAN 2004 = R. TURCAN, *Mithra et le Mithriacisme*, Paris 2004.

Umbria 1980 = *L'Umbria. Manuali per il territorio. Terni*, I-II, Roma 1980.

VERMASEREN 1960 = M.J. VERMASEREN, *Mithra, ce dieu mystérieux*, Paris – Bruxelles 1960.

VERMASEREN 1982 = M.J. VERMASEREN, *The Mithraeum at Marino*, L'Aja 1982.

VOLLKOMMER 1991 = R. VOLLKOMMER, *Mithras Tauroctonus. Studien zu einer Typologie der Stieropferszene auf Mithrasbildrken*, in *Mélanges d'Archéologie et d'Histoire de l'École française de Rome. Antiquité* 103, 1991, pp. 265-281.

ZAMPOLINI FAUSTINI 1993 = S. ZAMPOLINI FAUSTINI, *La città romana*, in *Terni*, Milano 1993, pp. 59-78.

ZOEGA 1817 = G. ZOEGA, *Adhandlungen*, Göttingen 1817.

GUIDELINES FOR CONTRIBUTORS

Automata. Journal of Nature, Science and Technics in the Ancient World is an international journal devoted to the history of science and technology published once a year.

1. Manuscripts (three blind copies plus a file), no more than 30 pages in length (page calculated as typewritten text of 300 words) should be submitted to the Editor of *Automata,* Museo Galileo. Istituto e Museo di Storia della Scienza, Piazza dei Giudici 1, 50122 Florence, Italy. Every manuscript, accompanied by an abstract in English (maximum 150 words) and a brief list of keywords (maximum 3), will be subjected anonymously to double blind refereeing: all information concerning the author (name, last name, institution, address for notifications, e-mail address) should therefore be presented on a detachable cover.

2. Manuscripts should be sent in the following form: Word for Windows Document. Font: Times New roman, 12 point, standard page, default margins, double spaced.

3. Footnotes information should be given exclusively in the following manner: references to books and articles should include author"s surname and the publication year.
   Example: Lindberg 1978; Grant 1978.

4. Bibliography: bibliographic information should be given exclusively in the following manner: surname and the first letter of the name, complete title of the book in italics, complete publishing information in the following order: place of publication, year of publication, page numbers cited. Examples:
   Lindberg 1978 = D.C. Lindberg (ed.), *Science in the Middle Ages,* Chicago 1978.
   Grant 1978 = E. Grant, *Cosmology,* in D.C. Lindberg (ed.), *Science in the Middle Ages,* Chicago 1978, pp. 265-302.
   Darwin 1985 = Ch. Darwin, *The Correspondence,* 13 vols., Vol. 1, 1821-1836, Cambridge 1985, p. 37.
   References to articles in periodicals should include author's surname and publication year (Example: Ciarallo 2006, p. 39). In the final bibliography, references to articles should include author's surname, the first letter of the name and the publication year, title of article in italic type, title of periodical in italic, year, volume number, page numbers of article; colon, page cited. Example: Ciarallo 2006 = A. Ciarallo, *Classificazione botanica delle specie illustrate nel Dioscoride della Biblioteca Nazionale di Napoli,* in *Automata,* 2006, 1: 39-41, p.39.

5. Languages. *Automata* accepts articles in English, French and Italian.

6. For each article a maximum of eight figures are allowed. All derogations to this standard shall be agreed upon directly with the editor. Figures subjected for *Automata* must be free of copyright.

For further information contact the editor or:

Giovanni di Pasquale
Museo Galileo
Istituto e Museo di Storia della Scienza, Piazza dei Giudici 1,
50122 Florence, Italy.
giodip@imss.fi.it

or

Daniele Maras
«L'Erma» di Bretschneider
Via Cassiodoro, 19
00193 ROMA
tel. +39-06-6874127
daniele.maras@lerma.it

Finito di stampare in Roma nel mese di marzo 2011 per conto de
«L'ERMA» di BRETSCHNEIDER
dalla Tipograf S.r.l.
via Costantino Morin, 26/A